Unnützes Wissen
Chemie

66 unterhaltsame Fakten aus der Welt der Moleküle und Elemente

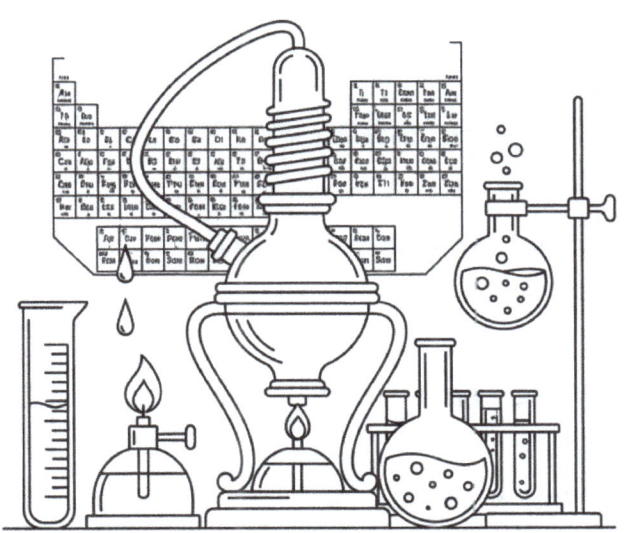

Lindsay Moon

WWW.LINDSAYMOON.DE

INHALTSVERZEICHNIS

EINLEITUNG	5
MOLEKULARER TANZ DER ATOME	7
ÜBERLEBENSSTRATEGIEN DER TIERE	9
VON EINSTEIN NACH DARMSTADT	11
SCHMELZENDE GEHEIMNISSE	13
SCHLANGEN AUS FEUER	15
GASE UND GELÄCHTER	17
CHEMISCHES FEUERWERK IM AUGE	19
DAS TIEFE BLAU DER MOLEKÜLE	21
GIFTE ZWISCHEN TOD UND HEILUNG	23
MOLEKÜLE FÜR DIE NASE	25
STRAHLENDE NATURWUNDER	27
KNALLENDE MAISKÖRNER	29
COCKTAIL DER GEFÜHLE	31
WISSENSCHAFT UND FIKTION	33
DAS ERBE DER GOLDMACHER	35
NOBELS EXPLOSIVE MISSION	37
KRAFT DER PIGMENTE	39
SELTENE ERDEN ENTHÜLLT	41
BOTEN DER ZEIT UND HEILUNG	43
MEISTERWERKE DER STOFFLEHRE	45
GRENZEN DES KÖRPERS	47
SCHUTZ FÜR ZÄHNE	49
MOLEKULARE INDIZIENKETTE	51
GEFÄHRLICHES LEUCHTEN	53

BOTEN DES URZUSTANDS	55
WARNSIGNAL FÜR DIE SINNE	57
MASCHINEN DES LEBENS	59
ETYMOLOGIE DES PERIODENSYSTEMS	61
WUNDERWAFFE GEGEN SCHMUTZ	63
EIN KLASSIKER DER MEDIZIN	65
BRANDBEKÄMPFUNG MIT KÖPFCHEN	67
WINZLINGE MIT GROSSER WIRKUNG	69
MOLEKÜLE DES GESCHMACKS	71
STROM OHNE WIDERSTAND	73
LEBENDIGE GESCHICHTE IN STEIN	75
STREITFALL PFLANZENSCHUTZ	77
VOM ERZ ZUM ALGORITHMUS	79
GEHEIMNISSE DER KÜCHE	81
POLYMERE DER MODERNE	83
BRENNBARER IRRTUM	85
MAGIE AUS DEM REAGENZGLAS	87
UNSICHTBARE BEDROHUNG	89
ENERGIE AUS DER ZELLE	91
MAGISCHE BACKHELFER	93
KUNST DER MOLEKULAREN TARNUNG	95
UNSICHTBARE BOTSCHAFTEN	97
RHYTHMISCHES KALEIDOSKOP	99
GEBÄNDIGTE NATURGEWALTEN	101
VERBORGENE SCHRIFTEN	103
MATERIE AUS DEM NICHTS	105
PRICKELNDES ERLEBNIS	107

RIESIGER SCHAUMSCHOCK	109
MAGIE DER KRISTALLE	111
MODIFIKATIONEN DES KOHLENSTOFFS	113
BUNTE LEBENSMITTEL	115
FEUCHTIGKEIT UND AUS DER TUBE	117
PROZESSE DER KRUSTENDYNAMIK	119
BRENNENDES WASSER	121
EFFIZIENTE NÄHRSTOFFGEWINNUNG	123
SCHUTZ DES ORGANISMUS	125
MECHANISMEN DER GÄRUNGSKUNST	127
ENERGIEREICHE METALLREDUKTION	129
SCHUTZ VOR SONNENBRAND	131
LICHTENERGIE NUTZEN	133
INNOVATIONEN FÜR MORGEN	135
ZUM SCHMUNZELN	137
LESEN. BEWERTEN. VERBESSERN!	139
BUCHSERIE »UNNÜTZES WISSEN«	141
BUCHREIHE »BEWUSST LEBEN«	142
LINDSAY MOON: DIE FAKTENJÄGERIN	143
IMPRESSUM	144

EINLEITUNG

Treten Sie ein in die Welt von »Unnützes Wissen Chemie« – ein Buch, das bewusst die ausgetretenen Pfade klassischer Lehrbücher verlässt. Hier stehen nicht trockene Formeln oder komplexe Theorien im Vordergrund, sondern die faszinierenden und oft unerwarteten Wege, auf denen die Chemie unsere gesamte Existenz durchdringt. Wussten Sie etwa, dass die flüchtigen Aromen in Ihrem morgendlichen Kaffee aus über 800 verschiedenen chemischen Verbindungen bestehen, die in perfekter Harmonie zusammenwirken? Sogar die beeindruckenden Farben eines Sonnenuntergangs sind das Ergebnis präziser physikalisch-chemischer Streuprozesse in unserer Atmosphäre.

Dieses Buch bietet Ihnen einen fundierten Einblick in jene Phänomene, die unsere Welt im Innersten formen. Obwohl wir hier oft nur die Oberfläche berühren können, laden wir Sie dazu ein, Ihren Wissensdurst eigenständig weiter zu stillen – das digitale Zeitalter bietet unerschöpfliche Quellen für tiefergehende Recherchen.

Sind Sie bereit zu erfahren, wie die Chemie Ihren Alltag lenkt, ohne dass Sie es bemerken? Dieses Werk ist eine Entdeckungsreise durch die Allgegenwart einer unterschätzten Wissenschaft. Ergründen Sie die geheimnisvolle Chemie hinter dem perfekten Knistern von Popcorn oder verstehen Sie endlich, warum der Himmel physikalisch gesehen eigentlich gar nicht blau sein dürfte.

Diese Geschichten sind erst der Anfang, sie sollen als Katalysator für Ihre eigene Reise durch die Welt der Moleküle dienen. Ich entführe Sie in ein Universum voller überraschender Details, die meist unbeachtet bleiben – von den chemischen Reaktionen in Ihrer Küche bis hin zu den verborgenen Botschaften hinter komplexen Duftstoffen.

MOLEKULARER TANZ DER ATOME

Die Chemie befasst sich im Kern mit der Untersuchung von Stoffen, was sie eigentlich sind und wie sie sich verändern. Man kann es sich wie den Versuch vorstellen, ein riesiges, verknotetes Netz aus winzigen Teilchen zu entwirren. In dieser Welt sind Wissenschaftler so etwas wie Regisseure von unsichtbaren Abläufen. Atome sind nämlich ständig in Bewegung: Sie finden sich, gehen Bindungen ein und trennen sich wieder – fast wie ein ewiger Partnertausch in einem riesigen System. Schon wenn wir etwas riechen, docken kleine Teilchen an unsere Nase an. Das zeigt, dass unsere Sinne eigentlich wie hochempfindliche Messgeräte für diese Vorgänge arbeiten.

In diesem Fachgebiet geht es darum, wie aus einfachen Grundstoffen plötzlich ganz neue Dinge mit völlig anderen Eigenschaften entstehen. Ob Energie frei wird oder ein komplizierter Stoff neu zusammengebaut wird – am Ende entscheiden immer die Kräfte zwischen den kleinsten Teilchen über das Ergebnis. Ein wahnsinniger Gedanke dabei: Fast alles Schwere in unserem Körper, vom Eisen im Blut bis zum Kalk in den Knochen, entstand ursprünglich im Feuer sterbender Sterne. Wir bestehen also buchstäblich aus Sternenstaub, der vor Urzeiten durch gewaltige Prozesse im Weltall geformt wurde.

Besonders anschaulich wird diese Naturwissenschaft bei einem Feuerwerk. Das bunte Leuchten entsteht nur, weil kleinste Teilchen durch Hitze einen energetischen Schub nach oben bekommen. Wenn sie dann wieder auf ihren Platz zurückfallen, senden sie diese Energie als Lichtblitze aus. Solche Momente, in denen Materie schäumt, die Farbe wechselt oder kontrolliert knallt, beweisen: Das Ganze ist viel mehr als nur graue Theorie aus dem Lehrbuch. Es ist ein ständiges Festival der Überraschungen und ein Beweis dafür, dass selbst die kleinsten Bausteine der Welt einer ganz eigenen, logischen Ordnung folgen.

ÜBERLEBENSSTRATEGIEN DER TIERE

In den dunklen Tiefen der Meere nutzen viele Tiere clevere Tricks, um sich zu orientieren. Ein Beispiel ist der Laternenfisch. Er bringt seinen Körper selbst zum Leuchten, was auf der Reaktion eines Beschleunigers (Luciferase) mit einem Brennstoff (Luciferin) basiert. Ähnlich raffiniert ist der Kugelfisch mit seinem starken Nervengift Tetrodotoxin, das die Nervenbahnen von Angreifern einfach blockiert. Haie wiederum nutzen ein spezielles Gel in ihrer Schnauze, das Signale aus der Umgebung in elektrische Reize umwandelt, um Beute aufzuspüren. Diese Methoden helfen dabei, Feinde abzuschrecken oder in der Finsternis einen Partner zu finden.

An Land setzen Ameisen auf Duftstoffe als Boten, um ihr komplexes Zusammenleben zu organisieren. Spezielle Alarmstoffe versetzen ein ganzes Volk bei Gefahr sofort in Verteidigungsbereitschaft. Auch Zugvögel haben ein eingebautes Labor: In ihren Augen sitzen vermutlich Proteine, die auf das Magnetfeld der Erde reagieren und so einen biologischen Kompass bilden. Diese unsichtbare Verständigung ermöglicht es den Tieren, als Team über riesige Distanzen zu navigieren oder schwierige Aufgaben zu lösen. Es ist die Sprache der Stoffe, die hier das Verhalten ganzer Gruppen steuert.

Ein extremes Beispiel für Abwehr ist der Bombardierkäfer, der zwei Substanzen in getrennten Körperkammern lagert. Bei Bedrohung mischt er diese blitzartig zusammen, wodurch eine heftige Reaktion ausgelöst wird. Das Ergebnis ist eine fast 100 °C heiße Flüssigkeit, die er gezielt auf Angreifer schleudert. Solche Mechanismen verdeutlichen, wie sehr diese inneren Prozesse das Überleben und die Entwicklung im Tierreich bestimmen. Sie sind das Fundament für den Erfolg vieler Arten in einer oft gefährlichen Umwelt. Jedes Tier hat so seine eigene, spezialisierte Strategie entwickelt.

VON EINSTEIN NACH DARMSTADT

Einsteinium, Fermium und Darmstadtium sind wichtige Marken auf dem Weg zu künstlich erschaffenen Elementen. Einsteinium entdeckte man 1952 in den Überresten der ersten Wasserstoffbomben-Explosion. Dieser gewaltige Knall gab der Forschung völlig neue Einblicke, wie schwere Atome unter extremem Druck entstehen können. Ein spannender Punkt ist, wie schnell diese Stoffe wieder verschwinden; die stabilste Form von Einsteinium zerfällt zur Hälfte schon nach 471 Tagen. Das macht die Untersuchung seiner Eigenschaften natürlich extrem schwierig. Benannt nach Albert Einstein, steht das Element für Entdeckungen, die erst an physikalischen Grenzen überhaupt möglich werden.

Fermium fand man im selben Jahr in den radioaktiven Rückständen dieser Atomtests und benannte es nach Enrico Fermi. Um winzige Mengen aus dem Schutt der Explosion zu isolieren, war technische Präzision auf höchstem Niveau nötig. Später wurden solche Prozesse durch gezielte Versuche im Labor ersetzt. Das führte schließlich zur Entdeckung von Mendelevium, bei dem man erstmals ein Element wirklich Atom für Atom nachweisen konnte. Diese Fortschritte zeigen den Wandel von der Analyse radioaktiven Abfalls hin zur gezielten Erzeugung kleinster Mengen im Labor. Es ist eine Reise in die Welt der winzigen Teilchen.

Darmstadtium, benannt nach seinem Fundort in Hessen, wurde 1994 am dortigen Forschungszentrum künstlich hergestellt. Es entstand durch den gezielten Zusammenstoß schwerer Teilchen in einem Beschleuniger. Bei diesem Vorgang verschmelzen Kerne von Nickel und Blei zu einem neuen, schweren Kern, der allerdings innerhalb von Millisekunden wieder zerfällt. Solche Experimente ganz am Ende der bekannten Element-Tabelle erweitern unser Wissen darüber, wie Materie zusammengehalten wird und wo die Grenzen der Existenz liegen.

SCHMELZENDE GEHEIMNISSE

Gallium hat die seltene Eigenschaft, schon bei einer Temperatur von 29,76 °C zu schmelzen. Da dieser Wert unter der normalen Körpertemperatur liegt, wird das eigentlich feste Metall allein durch die Wärme einer Handfläche flüssig. Spannenderweise haftet flüssiges Gallium extrem stark an Glasflächen. Das nutzt man aus, um hochwertige Spiegel herzustellen, ganz ohne das giftige Quecksilber einplanen zu müssen. Trotz des niedrigen Schmelzpunktes siedet Gallium erst bei über 2.200 °C. Das verleiht ihm einen der größten Temperaturbereiche aller Elemente, in denen es flüssig bleibt. Es ist ein Metall, das sich völlig anders verhält, als wir es von Eisen oder Kupfer gewohnt sind.

Ganz anders verhält sich Fluor, ein blassgelbes Gas, das als das reaktionsfreudigste Element überhaupt gilt. Seine Aggressivität ist so extrem, dass es sogar Glas angreift und fast alle Stoffe oder Metalle sofort bei Kontakt entzündet. Die Suche nach einem Weg, diesen »Rebellen« zu isolieren, forderte im 19. Jahrhundert sogar mehrere Todesopfer unter den Forschern. Erst 1886 gelang Henri Moissan die Trennung mittels elektrischem Strom. Wegen dieser extremen Art kommt Fluor in der Natur niemals pur, sondern immer nur fest an andere Stoffe gebunden vor. Diese enorme Bindungskraft macht den Umgang mit dem Gas im Labor bis heute zu einer riskanten Angelegenheit.

Quecksilber nimmt eine Sonderrolle ein, da es das einzige Metall ist, das schon bei normaler Zimmertemperatur flüssig ist. Während frühere Alchemisten in der Beweglichkeit noch magische Kräfte vermuteten, blickt die heutige Wissenschaft vor allem auf die giftige Wirkung seiner Dämpfe. Die Eigenschaft von Quecksilber, Gold und andere Metalle in sich zu lösen, wird heute noch bei der Goldgewinnung genutzt. Wegen der starken Belastung für die Umwelt sind dabei jedoch sehr strenge Sicherheitsregeln nötig.

SCHLANGEN AUS FEUER

Das Experiment der »Pharaoschlangen« zeigt eine beeindruckende Verwandlung, bei der aus einem einfachen Pulver wachsende, lebendig wirkende Strukturen entstehen. Die klassische Version nutzt das Erhitzen von Natron und Zucker. Wenn der Zucker verbrennt, wird Kohlendioxid frei, das zusammen mit Wasserdampf die entstehende Kohle aufbläht. Dieses lockere Gerüst aus Kohlenstoff schiebt sich als wachsende, dunkle Säule nach außen, was optisch an die Bewegung einer Schlange erinnert. Früher nahm man für diesen Effekt oft extrem giftiges Quecksilber(II)-rhodanid, das im 19. Jahrhundert aber wegen seiner gefährlichen Dämpfe durch die harmlose Zucker-Soda-Mischung ersetzt wurde.

Dieser Vorgang basiert auf einer unvollständigen Verbrennung, bei der die festen Reste durch die Gase in einen leichten Schaum verwandelt werden. Erstaunlicherweise ist die Schlange so leicht, dass sie fast nur aus Luft und einem dünnen Netz aus Kohlenstoff besteht, was zeigt, wie effektiv die Gasbildung hier arbeitet. Früher wurden solche Effekte oft mit Alchemie oder Zauberei in Verbindung gebracht, da es so aussah, als würde Materie aus dem Nichts entstehen. Das Experiment fasziniert heute noch genauso wie damals die Menschen in den Jahrmärkten, da die Verwandlung sehr plötzlich und unerwartet eintritt.

Heute nutzt man dieses Prinzip in der Bauchemie für den Brandschutz: Sogenannte intumeszierende Baustoffe quellen bei Hitze auf und bilden so eine isolierende Schutzschicht. Diese Anwendung macht deutlich, wie aus einem simplen Schauversuch eine lebensrettende Technik entstehen kann. Die »Pharaoschlangen« sind somit ein gutes Beispiel dafür, wie chemische Reaktionen die Form von Stoffen verändern und neue Ideen für die Industrie liefern. Das zeigt uns, dass selbst kleine Experimente einen großen Nutzen für unseren Alltag haben können.

GASE UND GELÄCHTER

Die Entdeckung des Lachgases, das Fachleute Distickstoffmonoxid nennen, war ein echter Wendepunkt für die Medizin. Ende des 18. Jahrhunderts fand der britische Chemiker Joseph Priestley das farblose Gas, aber erst Humphry Davy untersuchte später im Selbstversuch, wie es auf die Psyche wirkt. Er hielt fest, dass es nicht nur euphorisch macht, sondern auch Schmerzen lindern kann. Interessanterweise ist das Gas ein starkes Treibhausgas, es schadet dem Klima etwa 300-mal mehr als Kohlendioxid, weil es in der Luft sehr stabil bleibt. Auch in der Technik wird es genutzt, um Motoren mehr Power zu geben, da beim Zerfall des Moleküls zusätzlicher Sauerstoff für die Verbrennung frei wird.

In der ersten Hälfte des 19. Jahrhunderts wurde der Stoff vor allem auf Partys zur Unterhaltung genutzt. Diese sogenannten »Lachgas-Partys« waren damals sehr beliebt, weil das Einatmen für kurze Zeit glücklich und entspannt machte. Im Jahr 1844 erkannte der Zahnarzt Horace Wells, wie nützlich das Gas für Operationen sein könnte, nachdem er die schmerzlindernde Wirkung bei einer Vorführung beobachtet hatte. Heute wird das Gas in der Medizin meistens mit Sauerstoff gemischt. So erreicht man eine kontrollierte Beruhigung, bei der der Patient zwar entspannt ist, aber nicht das Bewusstsein verliert.

Diese Entwicklung zeigt den Weg von einer rein wissenschaftlichen Besonderheit hin zu einem festen Standard in der Chirurgie und beim Zahnarzt. Die Geschichte des Lachgases ist ein gutes Beispiel dafür, wie chemische Stoffe je nach Menge und Situation ganz unterschiedlich wirken können – mal sorgen sie für Vergnügen, mal sind sie eine lebenswichtige Hilfe. Es kommt eben immer darauf an, in welchem Rahmen man sie einsetzt. Heute ist das Gas aus vielen Bereichen gar nicht mehr wegzudenken, da es sowohl in der Klinik als auch in der Industrie seine festen Aufgaben hat.

CHEMISCHES FEUERWERK IM AUGE

Zwiebeln bringen uns beim Schneiden zum Weinen, weil das Zerstören der Zellen eine Kettenreaktion auslöst. Dabei kommt ein Beschleuniger (das Enzym Alliinase) aus kleinen Speicherkammern frei und reagiert mit Schwefelstoffen zu Sulfensäuren. Diese verwandeln sich blitzschnell in das Gas Propanthial-S-oxid, das nach oben steigt. Sobald dieses Gas an die feuchten Augen gelangt, bildet sich dort eine winzige Menge Schwefelsäure. Diese Reizung schlägt bei den Nerven sofort Alarm, woraufhin die Tränendrüsen als Schutz mit einer Spülung reagieren. Dieser Effekt ist eigentlich eine Abwehr der Pflanze, um im Boden nicht von Nagetieren gefressen zu werden. Je nach Schwefelgehalt im Ackerboden kann die Zwiebel dabei mal mehr und mal weniger scharf ausfallen.

Um das Tränen zu verhindern, gibt es ein paar einfache Tricks. Wenn man die Zwiebel vorher kühlt, bewegen sich die Teilchen langsamer, wodurch weniger Gas entsteht und aufsteigt. Auch das Schneiden auf einem nassen Brett oder unter Wasser hilft, da die Feuchtigkeit das Gas abfängt, bevor es die Augen erreicht. Ein sehr scharfes Messer ist ebenfalls nützlich, weil es die Zellen glatt durchtrennt, statt sie zu quetschen. So werden insgesamt viel weniger Enzyme freigesetzt, die die Reaktion überhaupt erst starten könnten. Es ist also eine Frage der richtigen Technik, um die flüchtigen Stoffe unter Kontrolle zu halten.

Spezielle Hilfsmittel wie Zwiebelbrillen bilden eine echte Barriere gegen die Schwefelstoffe und schützen so die empfindliche Hornhaut. Diese Strategien zeigen gut, wie man durch kleine Veränderungen der Bedingungen den Umgang mit solchen reizenden Naturstoffen im Alltag leichter machen kann. Der chemische Vorgang hinter den Tränen ist ein klassisches Beispiel dafür, wie sich Pflanzen verteidigen und wie unser Körper darauf reagiert.

DAS TIEFE BLAU DER MOLEKÜLE

Dass der Ozean blau leuchtet, liegt vor allem daran, wie Wassermoleküle das Sonnenlicht schlucken oder ablenken. Weißes Licht besteht aus allen Farben des Regenbogens, die jeweils eigene Wellenlängen haben. Wenn dieses Licht ins Wasser eintaucht, saugen die Moleküle bevorzugt die langwelligen Farben wie Rot, Orange und Gelb auf. Ein spannender chemischer Grund dafür sind die Schwingungen der Bindungen zwischen Wasserstoff und Sauerstoff im Wassermolekül. Diese sind fast perfekt auf die Frequenzen des roten Lichts abgestimmt und schlucken es förmlich weg.

Im Gegensatz dazu werden die kurzwelligen blauen Anteile kaum aufgesogen, sondern durch Zusammenstöße mit den Teilchen in alle Richtungen gestreut. Diese Streuung sorgt dafür, dass das blaue Licht bis in tiefe Schichten vordringt und schließlich zurück zur Oberfläche geworfen wird. Interessanterweise ist Wasser eines der wenigen Medien, dessen Farbe wirklich in ihm selbst liegt und nicht nur durch gelöste Farbstoffe entsteht. Ein weiterer Fakt ist, dass in großen Tiefen oder bei viel Plankton die Farbe ins Türkis oder Grüne umschlägt. Das liegt am Chlorophyll der Mikroorganismen, das das Lichtspektrum chemisch verändert.

Zwar spiegelt sich auch der Himmel an der Oberfläche, aber für das tiefe Blau ist vor allem die Reinheit des Wassers wichtig. Je weniger Schwebstoffe das Licht stören, desto intensiver wirkt der blaue Farbeindruck der Wassersäule. Diese Filterwirkung des Wassers ist letztlich auch der Grund, warum man in tieferen Zonen keine roten Farben mehr sehen kann. Diese Wellenlängen wurden bereits in den oberen Schichten komplett verschluckt. Es bleibt nur das kühle Blau übrig, das wir so typisch für das Meer halten. In der Tiefe herrscht daher eine ganz eigene, fast mystische Atmosphäre.

GIFTE ZWISCHEN TOD UND HEILUNG

In der Geschichte von Stoffen wie Curare und Rizin zeigt sich sehr deutlich, wie schmal die Grenze zwischen tödlicher Gefahr und medizinischem Nutzen ist. Curare, eine Mischung aus Extrakten von Amazonas-Pflanzen, blockiert die Signale zwischen Nerven und Muskeln. Das führt zur Lähmung der Atmung. Bemerkenswert ist aber, dass Curare beim Verschlucken fast ungiftig bleibt, da die Moleküle nicht über den Magen in das Blut gelangen können. In der Medizin war diese Entdeckung die Basis für moderne Mittel zur Muskelentspannung bei Narkosen. So wurde aus einem Jagdgift ein wichtiges Hilfsmittel für Operationen.

Rizin hingegen ist ein Eiweiß aus den Samen des Wunderbaums, das die Produktion von Proteinen in den Zellen komplett stoppt. Schon kleinste Mengen führen zum Zelltod, was den Stoff zu einem der gefährlichsten Gifte der Natur macht. Ein weniger bekannter Fakt ist, dass man Rizin heute in der Krebsforschung testet. Als Teil von »Immuntoxinen« soll es helfen, Tumorzellen gezielt zu zerstören. Traurige Berühmtheit erlangte das Gift durch politische Attentate, wie den Regenschirm-Mord im Jahr 1978. Die Giftigkeit ist dabei so extrem, dass schon eine Menge von der Größe zweier Salzkörner für einen Menschen tödlich sein kann.

Trotz ihrer Gefährlichkeit sind diese Stoffe für die Forschung extrem wertvoll. Sie erlauben tiefe Einblicke in Abläufe der Zellen und in die Verteidigung von Pflanzen. Die gezielte Veränderung solcher Gifte könnte in Zukunft neue Wege für eine bessere Chemotherapie eröffnen. Außerdem lieferte die Forschung an Curare wichtige Erkenntnisse darüber, wie bestimmte Rezeptoren in unserem Nervensystem eigentlich funktionieren. Diese Substanzen helfen uns also dabei, die komplexen Vorgänge im menschlichen Körper besser zu verstehen. Es ist ein ständiger Drahtseilakt zwischen Risiko und Fortschritt.

MOLEKÜLE FÜR DIE NASE

Hinter der schönen Wirkung eines Parfums verbirgt sich eine präzise Welt organischer Moleküle, die gezielt unsere Sinneszellen ansprechen. Jeder Duft basiert auf einer Mischung aus ätherischen Ölen und künstlichen Stoffen, deren Flüchtigkeit darüber entscheidet, wie lange wir sie riechen. Ein chemischer Trick der Parfümerie ist der Einsatz von Fixateuren, welche das Verdampfen der leichteren Duftstoffe bremsen und so die Haltbarkeit auf der Haut verlängern. Zudem nutzt die Industrie heute oft die »Headspace-Technologie«, um den Duft lebender Pflanzen ohne deren Zerstörung genau zu analysieren und im Labor exakt nachzubauen.

Innerhalb dieser Mischungen spielen Gruppen wie Terpene für Frische oder Aldehyde für blumige Noten eine zentrale Rolle. Letztere wurden durch Klassiker wie »Chanel No. 5« weltberühmt, da sie den Düften eine völlig neue Strahlkraft verliehen. Diese Moleküle reagieren auf komplexe Weise mit dem Säureschutzmantel unserer Haut, weshalb sich derselbe Duft bei jedem Menschen ganz individuell entwickelt. Interessanterweise können kleinste Änderungen am Aufbau eines Moleküls, etwa der Austausch eines einzigen Atoms, den Geruch sofort von fruchtig zu stechend kippen lassen.

Kreativität und Wissen über Siedepunkte und chemische Stabilität verschmelzen bei der Erfindung eines neuen Flakons zu einer Einheit. Parfümeure müssen genau planen, wie sich Kopf-, Herz- und Basisnoten über Stunden hinweg verändern. Dabei werden oft hunderte Einzelstoffe kombiniert, um eine harmonische Duftpyramide zu bauen, die Emotionen und Erinnerungen in uns weckt. Diese chemische Signalgebung zeigt sehr deutlich, wie technische Genauigkeit eine unsichtbare, aber starke Wirkung auf unsere Wahrnehmung ausübt. Am Ende ist ein guter Duft eben auch ein perfekt abgestimmtes Kunstwerk aus dem Labor.

STRAHLENDE NATURWUNDER

Das Leuchten bestimmter Stoffe unter UV-Licht basiert auf den physikalischen Vorgängen der Fluoreszenz und Phosphoreszenz. Bei der Fluoreszenz nehmen Moleküle energiereiche Strahlung auf, wodurch Elektronen kurzzeitig auf ein höheres Niveau springen. Da sie fast sofort in ihren Grundzustand zurückfallen, wird die Energie direkt als sichtbares Licht wieder abgegeben. Ein technisches Beispiel sind moderne Geldscheine, die unter Schwarzlicht versteckte Marker zeigen, um Fälschungen zu erschweren. In der Natur nutzen manche Korallen diesen Effekt als UV-Schutz, indem sie schädliche Strahlen in harmloses, buntes Licht umwandeln.

Anders ist es bei der Phosphoreszenz, bei der die Energie über längere Zeit im Material gespeichert bleibt. Hier geraten die Elektronen in einen »verbotenen« Übergang, einen sogenannten metastabilen Zustand, aus dem sie nur sehr langsam entkommen können. Das ermöglicht das bekannte Nachleuchten von Uhren oder Schildern in dunklen Räumen. Ein faszinierender Fakt ist, dass die Dauer dieses Leuchtens stark von der Temperatur abhängt, da Wärme den Rückfall der Elektronen beschleunigen kann. Je wärmer es ist, desto schneller verbraucht sich die gespeicherte Energie des Materials.

Biolumineszenz hingegen ist eine rein chemische Lichterzeugung, die völlig ohne äußere Lichtquelle auskommt. Lebewesen wie Glühwürmchen oder Tiefseefische nutzen die Reaktion zwischen speziellen Molekülen, um fast ohne Wärmeentwicklung Licht zu machen. Diese »kalte Verbrennung« erreicht einen Wirkungsgrad von bis zu 95 %, was sie zur effizientesten Lichtquelle der Welt macht. Geologen nutzen ähnliche Effekte bei Mineralien wie Fluorit, um durch die Farbe Rückschlüsse auf seltene Erden im Kristall zu ziehen. So verrät das Leuchten oft viel über die innere Zusammensetzung eines Stoffes.

KNALLENDE MAISKÖRNER

Das Innere eines Maiskorns funktioniert wie eine präzise abgestimmte Apparatur aus Wasser, Stärke und einer extrem festen Hülle. Während normaler Mais beim Erhitzen einfach nur vertrocknet, besitzt Popcornmais eine Außenhaut, die viermal stärker ist und wie ein biologischer Druckbehälter wirkt. Das Wasser im Zentrum wird bei Hitze zu Dampf, wodurch der Innendruck massiv ansteigt, während die Stärke zu einer zähen Masse schmilzt. Ein entscheidender Faktor ist dabei der Feuchtigkeitsgehalt, der idealerweise bei exakt 13,5 bis 14 Prozent liegen muss, um die perfekte Expansion zu garantieren. Ist das Korn zu trocken oder zu feucht, schlägt der Versuch fehl.

Sobald die Temperatur im Inneren etwa 180 °C erreicht, hält die Schale dem enormen Druck von etwa neun Bar nicht mehr stand und reißt schlagartig auf. In diesem Sekundenbruchteil dehnt sich der Wasserdampf aus und bläht die aufgeschmolzene Stärke zu einem lockeren Schaumgerüst auf. Diese Verwandlung führt dazu, dass das Volumen des Korns um das 40- bis 50-fache ansteigt, während die Stärke fast sofort zu der bekannten weißen Struktur erstarrt. Interessanterweise ist der typische Knall nicht das Zerbrechen der Schale selbst, sondern das Ergebnis der schnellen Druckentlastung, ähnlich wie beim Ploppen eines Sektkorkens.

Popcorn besteht aus einer speziellen Mischung aus zwei Stärkearten, die beim Erkalten ein sprödes, aber luftiges Netz bilden. In der Lebensmittelchemie gilt dieser Vorgang als Paradebeispiel für einen Phasenübergang unter hohem Druck. Die Verwandlung eines harten Korns in einen leichten Snack zeigt eindrucksvoll, wie natürliche Materialien unter Hitze ihre Gestalt völlig verändern können. Es ist eine faszinierende Kombination aus Physik und Biologie, die in jeder Pfanne abläuft.

COCKTAIL DER GEFÜHLE

Jeder Moment unseres emotionalen Erlebens wird im Gehirn durch ein präzise getaktetes Zusammenspiel chemischer Botenstoffe gesteuert. Diese Neurotransmitter übertragen Signale zwischen den Nervenzellen und entscheiden maßgeblich über unsere aktuelle Stimmungslage. Serotonin fungiert dabei als wesertlicher Regulator für Wohlbefinden, wobei ein stabiler Spiegel die innere Zufriedenheit fördert. Etwa 95 % des körpereigenen Serotonins werden nicht im Gehirn, sondern im Magen-Darm-Trakt produziert, wodurch die enge Verbindung zwischen Verdauung und Psyche deutlich wird.

Dopamin übernimmt die Rolle des internen Belohnungssystems und wird bei Erfolgserlebnissen oder Genussmomenten in den synaptischen Spalt ausgeschüttet. Es verstärkt die Motivation und ist für das Erlernen neuer Verhaltensweisen durch positive Verstärkung verantwortlich. Ein interessantes Phänomen ist hierbei der »Dopamin-Vorhersagefehler«, bei dem das Gehirn lernt, eine Belohnung bereits vor dem eigentlichen Ereignis chemisch zu erwarten. Ein chronisches Ungleichgewicht in diesem System kann jedoch die Entstehung von Suchterkrankungen begünstigen, da das neuronale Netz nach immer intensiveren Reizen verlangt.

Adrenalin und Noradrenalin mobilisieren wiederum die körpereigenen Reserven in Stresssituationen durch die klassische Kampf-oder-Flucht-Reaktion. Sie erhöhen schlagartig den Blutdruck und die Herzfrequenz, um die Muskulatur für schnelle Reaktionen optimal mit Sauerstoff zu versorgen. Während diese Stoffe den Fokus schärfen, sorgt Oxytocin als Bindungshormon für Vertrauen und soziale Nähe bei zwischenmenschlichen Interaktionen. Solche komplexen Wechselwirkungen beweisen, dass menschliche Emotionen das Resultat biochemischer Prozesse sind. Unsere Gefühle sind also tief in der Biologie verwurzelt und folgen festen chemischen Regeln.

WISSENSCHAFT UND FIKTION

Viel Inspiration findet die Popkultur seit jeher in den Möglichkeiten der Chemie, um Geschichten über Schöpfung und Zerstörung zu erzählen. Mary Shelleys »Frankenstein« markiert den Beginn dieser Faszination, indem sie alchemistische Visionen mit der damals neuartigen Elektrizität verband. Shelley wurde durch die realen Experimente von Luigi Galvani inspiriert, der Froschschenkel mittels Strom zum Zucken brachte. Diese literarische Auseinandersetzung verdeutlicht das menschliche Streben nach Wissen und die moralischen Dilemmata, die mit der Manipulation von Naturgesetzen verbunden sind.

Dramatische Wendungen nimmt das Thema in modernen Produktionen wie der Serie »Breaking Bad«, in der chemisches Fachwissen zur Grundlage für kriminelle Macht wird. Die Darstellung der Kristallisation hochreiner Substanzen zeigt hier die ambivalente Natur wissenschaftlicher Expertise. Ein bemerkenswerter Aspekt ist die fachliche Genauigkeit der Serie, bei der echte Chemiker als Berater fungierten, um die Laborprozesse visuell authentisch wirken zu lassen. Wissenschaft wird hier nicht als abstrakte Theorie, sondern als handfestes Werkzeug für das Überleben inszeniert.

Humorvolle Akzente setzen hingegen Filme wie »Flubber«, in denen chaotische Experimente zu Substanzen mit unmöglichen physikalischen Eigenschaften führen. Diese elastischen Kreationen verschieben die Grenzen der Realität und zeigen die spielerische Seite des wissenschaftlichen Irrtums. Oft dienen solche fiktiven Stoffe dazu, komplexe physikalische Theorien für ein breites Publikum unterhaltsam greifbar zu machen. Die Vielfalt dieser Darstellungen beweist, wie tief chemische Prozesse in unserer Vorstellungskraft verwurzelt sind. Sie fungieren als Brücke zwischen rationaler Forschung und fantastischer Erzählkunst.

DAS ERBE DER GOLDMACHER

Mittelalterliche Gelehrte verfolgten mit der Alchemie das ehrgeizige Ziel, unedle Metalle wie Blei in kostbares Gold zu transformieren. Diese frühen Forscher suchten unermüdlich nach dem sagenumwobenen »Stein der Weisen«, dem sie nicht nur transmutative Kräfte, sondern auch die Fähigkeit zur Verleihung ewigen Lebens zuschrieben. Ihre Arbeit basierte auf einer komplexen Synthese aus antiker Philosophie, arabischer Gelehrsamkeit und praktischen Laborversuchen. Ein chemisch interessanter Aspekt war ihre Theorie, dass alle Metalle aus unterschiedlichen Anteilen von Schwefel und Quecksilber bestünden, was die Grundlage für ihre Umwandlungsversuche bildete.

Innerhalb ihrer geheimen Labore entwickelten die Alchemisten Apparaturen wie den Destillationskolben, die noch heute in der modernen Chemie unverzichtbar sind. Um ihre Entdeckungen vor Unbefugten zu schützen, verfassten sie ihre Manuskripte oft in einer kryptischen Symbolsprache voller allegorischer Rätsel. Trotz des Scheiterns bei der Goldherstellung entdeckten sie dabei wichtige Substanzen wie Mineralsäuren und verfeinerten Verfahren zur Reinigung von Elementen. Nicolas Flamel wurde dabei zur legendärsten Figur dieser Ära, obwohl historische Belege für seinen Erfolg bei der Transmutation gänzlich fehlen.

Systematische Experimente und die genaue Beobachtung von Stoffveränderungen markierten den eigentlichen Wert dieser geheimnisvollen Ära für die Nachwelt. Die Alchemisten legten durch ihre geduldige Erforschung der Materie den entscheidenden Grundstein für die Entstehung der modernen Naturwissenschaften. Ein technischer Fakt ist, dass erst die Entwicklung der Kernphysik im 20. Jahrhundert die tatsächliche Umwandlung von Elementen ermöglichte, was den mittelalterlichen Traum auf völlig neue Weise realisierte.

NOBELS EXPLOSIVE MISSION

Alfred Nobels Weg zu einem kontrollierbaren Sprengstoff war von tragischen Rückschlägen und lebensgefährlichen Versuchen mit dem instabilen Nitroglycerin geprägt. Nachdem eine schwere Explosion in seinem Labor mehrere Todesopfer forderte, suchte der schwedische Chemiker unermüdlich nach einer Lösung, um die gefährliche Flüssigkeit sicher zu machen. Ein Durchbruch gelang ihm durch die Idee, das Nitroglycerin in ein poröses Material einzubetten. Er nutzte schließlich Kieselgur, eine Algenerde, die den Stoff wie ein Schwamm aufsaugte und ihn so unempfindlich gegenüber Erschütterungen machte. Es war ein riskanter Tanz auf Messers Schneide, der schließlich die Welt für immer verändern sollte.

Diese Erfindung führte 1867 zum Patent des Dynamits, das als formbare Stangen sicher transportiert und gezielt gezündet werden konnte. Die Bauindustrie und der Bergbau erlebten dadurch einen gewaltigen Aufschwung, da Tunnelbau und Gesteinsabbau nun mit deutlich geringerem Risiko möglich waren. Dennoch zeigte sich schnell die Schattenseite der Entdeckung, da sie wegen ihrer Zerstörungskraft bald als Waffe in Kriegen eingesetzt wurde. Nobel wurde durch diesen Missbrauch oft als »Kaufmann des Todes« bezeichnet, was ihn persönlich sehr belastete. Die zerstörerische Kraft seiner eigenen Schöpfung wurde zu seinem größten inneren Fluch.

Aus der Sorge um sein Ansehen traf Nobel schließlich die Entscheidung, sein Vermögen der Förderung des menschlichen Fortschritts zu widmen. Er stiftete in seinem Testament die Nobelpreise, um Leistungen in Wissenschaft, Literatur und für den Weltfrieden zu ehren. Bis heute ist sein Name untrennbar mit dem Spannungsfeld zwischen technischem Fortschritt und moralischer Verantwortung verbunden.

KRAFT DER PIGMENTE

Pflanzen nutzen ihre Farbstoffe als biologische Antennen, die Lichtwellen einfangen, um lebensnotwendige Energie für die Photosynthese zu gewinnen. Im Zentrum steht das Chlorophyll, dessen Porphyrin-Ring mit einem zentralen Magnesiumatom vor allem rote und blaue Wellenlängen absorbiert. Ein chemisch bemerkenswerter Aspekt ist seine strukturelle Ähnlichkeit zum menschlichen Hämoglobin, bei dem Magnesium durch Eisen ersetzt ist. Diese spezielle Molekülstruktur ermöglicht es Pflanzen, Sonnenlicht effizient in chemisch gebundene Energie umzuwandeln. Ohne diese molekulare Lichtabsorption wäre die Produktion von Sauerstoff und Biomasse auf unserem Planeten unmöglich.

Ergänzende Pigmente wie Carotinoide schützen den Photosyntheseapparat vor oxidativen Schäden durch überschüssige Energie. Gleichzeitig erweitern sie das nutzbare Absorptionsspektrum, indem sie Licht im blauen und blaugrünen Bereich aufnehmen, das Chlorophyll allein nur eingeschränkt nutzt. Ein technologischer Meilenstein ist die Entwicklung von Grätzel-Zellen, die das Prinzip organischer Farbstoffe aufgreifen, um Solarstrom nach dem Vorbild der Natur zu erzeugen. Solche biomimetischen Ansätze zeigen eindrucksvoll, wie effizient natürliche Farbstoffe Photonen in nutzbare Ladungsträger umwandeln.

Anthocyane sorgen zusätzlich für die leuchtenden Rot- und Blautöne vieler Blüten und Früchte, um Bestäuber anzulocken. Diese wasserlöslichen Pigmente wirken stark antioxidativ und schützen Pflanzenzellen vor schädlicher UV-Strahlung. Jede farbliche Veränderung in der Pflanzenwelt ist somit Ausdruck einer komplexen chemischen Anpassung an die jeweilige Umwelt. Alles in Allem bilden diese natürlichen Farbpigmente die Grundlage fast aller Nahrungsketten auf der Erde. Diese bunten Helfer sind somit die wahren Kraftwerke unserer Natur.

SELTENE ERDEN ENTHÜLLT

Moderne Technologien hängen heute untrennbar von den Lanthanoiden und Actinoiden ab, die als »Vitamine der modernen Industrie« gelten. Diese metallischen Elemente besitzen einzigartige Elektronenkonfigurationen in ihren f-Orbitalen, was ihnen außergewöhnliche magnetische und lumineszierende Eigenschaften verleiht. Neodym-Magnete erzeugen die stärksten permanenten Magnetfelder der Welt und ermöglichen so den Bau kompakter Elektromotoren in Windkraftanlagen. Obwohl sie als »selten« bezeichnet werden, kommen viele dieser Metalle in der Erdkruste häufiger vor als Silber. Es ist ihre chemische Besonderheit, die sie für die Zukunft so wertvoll macht.

Innerhalb der Gruppe der Lanthanoide ermöglichen Elemente wie Erbium die verlustfreie Signalübertragung in Glasfaserkabeln, indem sie als optische Verstärker fungieren. In der Unterhaltungselektronik sorgen Europium und Terbium für die brillanten Rot- und Grüntöne moderner Bildschirme durch präzise definierte Lichtemissionen.

Die Actinoide hingegen zeichnen sich primär durch ihre Radioaktivität aus und sind für die Energieerzeugung in Kernreaktoren sowie in der Krebsbehandlung unverzichtbar. Ein bemerkenswerter Aspekt ist die Gewinnung dieser Stoffe, da sie chemisch so ähnlich sind, dass ihre Trennung aufwendige Extraktionsverfahren erfordert.

Strategische Bedeutung erlangen diese Rohstoffe vor allem durch ihre Rolle in der grünen Transformation und der globalen Kommunikationsinfrastruktur. Ohne die spezifischen spektralen Linien, die diese Elemente in Lasern erzeugen, wären moderne Chirurgie und industrielle Materialbearbeitung kaum vorstellbar. Jedes Smartphone enthält heute kleinste Mengen von bis zu acht verschiedenen Seltenen Erden, die etwa für Vibrationsmotoren zuständig sind.

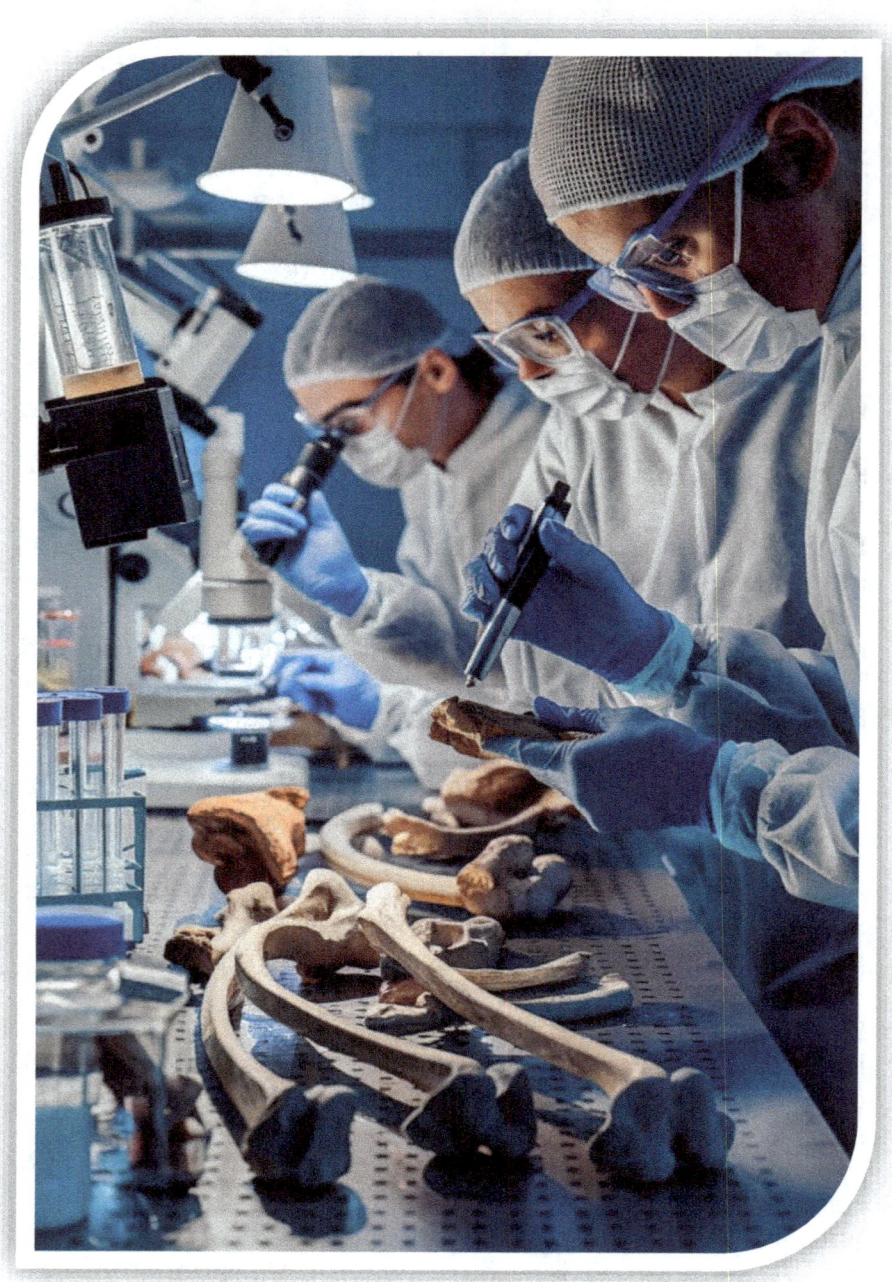

BOTEN DER ZEIT UND HEILUNG

Radiochemische Verfahren nutzen den kontrollierten Zerfall instabiler Atomkerne, um verborgene Informationen aus Materie und Körpern zu gewinnen. In der Archäologie fungiert die Radiokarbonmethode als präzise Zeitkapsel, indem sie das Verhältnis von stabilem Kohlenstoff zu instabilem Kohlenstoff-14 in organischen Proben misst. Die Produktion dieses Isotops in der oberen Atmosphäre wird durch kosmische Strahlung konstant gehalten, was die Kalibrierung der Zeitmessung erst ermöglicht. Diese Technik erlaubt die Datierung von Funden, die bis zu 50.000 Jahre alt sind, und revolutionierte unser Verständnis der menschlichen Zivilisationsgeschichte nachhaltig.

Präzise Diagnosen in der modernen Medizin basieren oft auf dem Einsatz kurzlebiger Isotope wie Fluor-18, das in der Positronen-Emissions-Tomographie (PET) Stoffwechselprozesse sichtbar macht. Durch die Bindung an Glukosemoleküle reichern sich diese Tracer in Tumorzellen an und emittieren bei ihrem Zerfall Positronen, die hochauflösende Bilder liefern. Ein technologischer Meilenstein ist hierbei die Nutzung von Technetium-99m, das aufgrund seiner kurzen Halbwertszeit die Strahlenbelastung minimiert. Diese radiochemischen Werkzeuge ermöglichen es Ärzten, Krankheiten bereits im molekularen Stadium zu erkennen und gezielte Behandlungspläne zu erstellen.

Innovative Therapieansätze nutzen zudem die zerstörerische Kraft der Alphastrahlung, um bösartige Zellen lokal zu vernichten, ohne das umliegende Gewebe zu schädigen. Solche Radionuklide fungieren als »intelligente Medikamente«, die ihre Energie punktgenau am Zielort freisetzen. Die Verbindung von archäologischer Datierung und medizinischer Heilung verdeutlicht das enorme Potenzial der Radiochemie für die Erforschung der Welt.

MEISTERWERKE DER STOFFLEHRE

Antike Kulturen nutzten fortschrittliche chemische Kenntnisse bereits vor Jahrtausenden als Fundament für technologische Meilensteine. Ägyptische Priester perfektionierten die Mumifizierung durch den Einsatz von Natron, einem Gemisch aus Natriumcarbonat (Na_2CO_3) und Natriumbicarbonat ($NaHCO_3$). Dieses Salz entzog dem Gewebe durch Osmose das Wasser und stoppte auf diese Weise effektiv den Zerfallsprozess. Ergänzend wirkten aromatische Harze als natürliche Biozide, die den Körper über extrem lange Zeiträume konservierten. Diese Verfahren belegen ein tiefes Verständnis für Dehydration und sicherten das körperliche Überleben für das Jenseits.

Römische Ingenieure revolutionierten zeitgleich das Bauwesen durch die Erfindung des hydraulischen Betons. Die Mischung aus Kalk und vulkanischer Pozzolan-Asche löste beim Kontakt mit Wasser eine Reaktion aus, bei der extrem stabile Calcium-Silikat-Hydrate entstanden. Ein bemerkenswerter Aspekt der Rezeptur war die Verwendung von Meerwasser, das die Kristallisation von Aluminium-Tobermorit förderte und die Bauwerke mit der Zeit sogar festigte. Diese chemische Besonderheit ist der Grund für die enorme Haltbarkeit antiker Hafenanlagen und des Pantheons. Ergänzend sorgten mineralische Zuschlagstoffe für eine Flexibilität, die Rissbildungen im massiven Mauerwerk verhinderte.

Durch systematisches Experimentieren mit Erden und Mineralen schufen diese Kulturen Bauwerke von ewiger Dauer. Jedes dieser Beispiele zeigt, dass chemische Innovationen stets die treibende Kraft hinter architektonischem Fortschritt waren. Am Ende basierte die Größe vergangener Weltreiche auf der geschickten Manipulation natürlicher Ressourcen. So hinterließen die antiken Chemiker ein Erbe, das in seinen Details erst heute vollständig entschlüsselt werden kann.

GRENZEN DES KÖRPERS

Wenn es im Profisport um Millisekunden geht, landen wir leider ganz schnell bei der Chemie und der Frage, wo faires Training aufhört und Betrug anfängt. Anabole Steroide sind im Grunde nichts anderes als künstliche Kopien des männlichen Hormons Testosteron, die dem Körper ein massives Muskelwachstum vorgaukeln. Damit die Leber das Zeug nicht direkt wieder aussortiert, verändern Chemiker die Moleküle für eine extrem lange Wirkung im Körper. Diese Stoffe sorgen für einen unnatürlichen Kraftschub, der aber oft einen hohen Preis hat. Wer so nachhilft, riskiert, dass sein komplettes Hormonsystem dauerhaft aus dem Takt gerät.

Ein anderes großes Thema ist die Ausdauer, bei der oft mit dem Hormon EPO nachgeholfen wird, um die Lunge quasi »aufzublasen«. Dieses Hormon gibt dem Knochenmark den Befehl, massenhaft neue rote Blutkörperchen zu produzieren, die den Sauerstoff wie kleine LKWs zu den Muskeln transportieren. Durch diesen künstlichen Turbo hält der Sportler viel länger durch, als es sein Körper eigentlich zulassen würde. Aber das Risiko ist extrem hoch: Das Blut kann so dickflüssig werden, dass es kaum noch durch die Adern fließt, was die Gefahr für Schlaganfälle dramatisch erhöht.

Deshalb liefern sich die Antidoping-Labore einen ewigen Wettlauf gegen die Zeit und gegen immer neue Designerdrogen. Zum Glück sind die Messgeräte heute so empfindlich, dass sie selbst winzigste Moleküle in einer Urinprobe finden, die dort eigentlich nichts zu suchen haben. Die Experten nutzen dafür riesige Datenbanken und vergleichen die kleinsten Teilchen mit bekannten chemischen »Fingerabdrücken«, bis sie den Übeltäter entlarvt haben. So bleibt die Chemie im Sport am Ende beides: das Werkzeug für den großen Betrug und gleichzeitig die schärfste Waffe, um die schwarzen Schafe doch noch zu schnappen.

SCHUTZ FÜR ZÄHNE

Moderne Zahnpflege ist im Grunde eine ziemlich schlaue chemische Formel, die Ihren Zahnschmelz vor den Säureattacken von Bakterien schützt. Fluoride sind dabei die absoluten Hauptdarsteller, weil sie den Schmelz härten und ihm helfen, sich wieder aufzubauen. Durch diese kleinen Helfer verwandelt sich der normale Zahnschmelz in eine viel stabilere Form, die Säuren deutlich besser standhält. Ohne diesen chemischen Schutzschild hätte die Milchsäure der Bakterien leichtes Spiel und würde Ihre Zähne ziemlich schnell angreifen. Diese tägliche Behandlung sorgt also dafür, dass die Schutzschicht Ihrer Zähne hart und widerstandsfähig bleibt.

Kleine Putzkörper aus Silikaten helfen dabei, den Zahnbelag ganz mechanisch von der Oberfläche wegzuschrubben. Damit das Ganze nicht wie Schmirgelpapier wirkt, gibt es den »RDA-Wert«, der genau festlegt, wie sanft oder grob eine Zahnpasta ist. Damit der Schutz auch überall hinkommt, sorgen Tenside für den nötigen Schaum im Mund. Diese Stoffe lockern die Oberflächenspannung, sodass Wasser und Wirkstoffe in jede noch so kleine Lücke fließen. So werden gelöste Speisereste und Bakterien beim Ausspülen zuverlässig mit dem Schaum abtransportiert.

Zusätzlich helfen Zink-Verbindungen dabei, fiese Bakterien im Zaum zu halten und Entzündungen am Zahnfleisch gar nicht erst entstehen zu lassen. Damit die Paste in der Tube schön geschmeidig bleibt und nicht austrocknet, steckt meistens etwas Glycerin drin. Jedes Mal, wenn Sie sich die Zähne putzen, gönnen Sie ihnen also eine kleine Hightech-Behandlung, die mechanisch und chemisch alles zusammenhält. Am Ende ist es genau dieses Teamwork der verschiedenen Zutaten, das Ihre Mundhöhle langfristig gesund hält.

MOLEKULARE INDIZIENKETTE

Forensische Experten nutzen heute schlaue chemische Analyseverfahren, um unsichtbare Spuren an Tatorten in gerichtsfeste Beweise zu verwandeln. Mithilfe der Gaschromatographie lassen sich selbst winzigste Rückstände von Giften oder Sprengstoffen ganz präzise identifizieren. Die Nutzung der stabilen Isotopenanalyse ermöglicht es den Forschern sogar, die geografische Herkunft von Proben anhand regionaler Merkmale zu bestimmen. Diese Techniken erlauben es, komplexe Gemische in ihre Einzelteile zu zerlegen und deren molekularen »Fingerabdruck« eindeutig zu sichern.

Genetische Profile bilden ein weiteres Rückgrat der Spurensicherung, indem kleinste Probenmengen im Labor unter die Lupe genommen werden. Die Polymerase-Kettenreaktion dient hierbei als molekularer Kopierer, der spezifische DNA-Abschnitte für die Analyse millionenfach vervielfältigt. Ein technologischer Meilenstein ist das »Rapid DNA Profiling«, das vollautomatisch innerhalb von nur 90 Minuten ein komplettes Identitätsmuster erstellt. Diese Geschwindigkeit revolutioniert die Aufklärung von Straftaten, da Verdächtige so noch während der ersten Befragung überprüft werden können. Materialanalysen von Fasern und Tinten ergänzen das Bild des Tathergangs durch detaillierte chemische Vergleiche. Infrarotspektroskopie offenbart dabei die exakte Zusammensetzung synthetischer Stoffe und verwandelt stumme Zeugen in beweiskräftige Fakten. Jede gefundene Spur wird so zu einem Glied einer Kette, die eine direkte Verbindung zwischen Opfer und Täter belegt.

Letztlich zeigt die Forensik eindrucksvoll, dass eigentlich kein Verbrechen ohne chemische Rückstände bleibt. Durch diese wissenschaftliche Genauigkeit wird die Chemie zum unverzichtbaren Werkzeug für eine gerechte Wahrheitsfindung. Jede Analyse stärkt am Ende die Sicherheit für uns alle.

GEFÄHRLICHES LEUCHTEN

Frühe Innovationen der Uhrenindustrie nutzten die Radioaktivität, um dafür zu sorgen, dass man die Zeit auch in absoluter Dunkelheit immer im Blick behalten konnte. Durch das Mischen von Radiumsalzen mit Zinksulfid entstand eine spezielle Farbe, die ganz ohne äußeres Licht kontinuierlich leuchtete. Dahinter steckt das Prinzip der Radiolumineszenz: Alphateilchen aus dem Zerfall des Radiums bringen die Elektronen im Zinksulfid so richtig in Schwung. Wenn diese Elektronen wieder zur Ruhe kommen, geben sie die Energie als sichtbares Licht ab, was Zifferblätter über viele Jahre zum Strahlen brachte. Besonders für Soldaten im Ersten Weltkrieg war diese Technologie ein echter Fortschritt, um nachts unbemerkt die Zeit ablesen zu können.

Die tragische Kehrseite dieser Erfindung zeigte sich jedoch im Schicksal der sogenannten »Radium Girls«. Diese Arbeiterinnen spitzten ihre Pinsel beim Bemalen der Uhren mit den Lippen an und schluckten dabei das gefährliche Material direkt herunter. Da Radium dem Calcium chemisch sehr ähnlich ist, baut der Körper es fälschlicherweise direkt in die Knochen ein, wo die Strahlung dann schwere Schäden anrichtet. Diese furchtbaren Entdeckungen sorgten schließlich für einen radikalen Umschwung im Arbeitsschutz und führten zu strengen Regeln im Umgang mit radioaktiven Stoffen.

Heutige Uhren setzen stattdessen auf völlig ungefährliche Leuchtpigmente oder verwenden Tritium-Gas in sicher versiegelten Röhrchen. Diese modernen Lösungen bieten Ihnen eine zuverlässige Sichtbarkeit, ohne dass Sie sich Sorgen um gesundheitliche Risiken wie in der Frühzeit machen müssen. Jede leuchtende Uhr erinnert uns damit auch an die chemischen Pioniere – und an die Opfer einer Zeit, in der man die Gefahren der Radioaktivität noch massiv unterschätzt hat.

BOTEN DES URZUSTANDS

Kometen und Asteroiden sind im Grunde wie riesige chemische Zeitkapseln, die Material aus der Geburtsstunde unseres Sonnensystems fast unverändert aufbewahrt haben. Diese »schmutzigen Schneebälle«, wie man Kometen oft nennt, bestehen hauptsächlich aus Wassereis, gefrorenen Gasen und ziemlich komplexen Kohlenstoffverbindungen. Da sie aus den eiskalten äußeren Rändern des Alls stammen, tragen sie Informationen über die Chemie in sich, die schon vor der Entstehung unserer Sonne existierte. Ein echtes Highlight war der Fund der Aminosäure Glycin auf dem Kometen 67P durch die »Rosetta-Mission«, was beweist, dass wichtige Lebensbausteine direkt aus dem Weltraum kommen. Auf ihren Flugbahnen transportieren diese Boten ihre gefrorene Fracht tief in das Innere unseres Systems und damit auch in unsere Nähe.

Asteroiden sind eher die metallischen Geschwister dieser Eisbrocken und tummeln sich vor allem im Gürtel zwischen Mars und Jupiter. Sie bestehen meist aus Silikaten sowie Metallen wie Eisen und Nickel, enthalten aber oft auch überraschend viel Kohlenstoff. Besonders spannend für die Forschung sind die kohligen Chondriten, in denen man bereits über 70 verschiedene Aminosäuren nachweisen konnte. Diese Meteoritenstücke zeigen uns ganz deutlich, dass komplexe Chemie auch im völlig luftleeren Raum ohne biologische Hilfe stattfinden kann. Solche Funde stützen die Theorie, dass Einschläge dieser Gesteinsbrocken die ersten Bausteine des Lebens einst direkt auf die junge Erde geliefert haben könnten.

Dass man organische Moleküle mitten im Weltraum findet, hat die Suche nach außerirdischem Leben auf ein völlig neues chemisches Fundament gestellt. Jede neue Probe, die wir heute von Asteroiden wie »Ryugu« zurück zur Erde bringen, erweitert unser Wissen darüber, wie organische Materie im Kosmos verteilt ist.

WARNSIGNAL FÜR DIE SINNE

Schwefelverbindungen sind die chemischen Übeltäter hinter einigen der ekelhaftesten Gerüche, die unsere Nase überhaupt wahrnehmen kann. Moleküle wie Schwefelwasserstoff (H_2S) entstehen vor allem dann, wenn Bakterien organisches Material ohne Sauerstoff zersetzen. Diese sogenannten Thiole sind so extrem intensiv, dass Sie sie schon riechen können, wenn nur ein paar winzige Teilchen in einer Milliarde Luftmoleküle schweben. Diese enorme Empfindlichkeit hilft uns dabei, Fäulnis oder austretende Gase sofort zu bemerken, selbst in kleinsten Spuren. Ohne diese eingebaute biochemische Warnfunktion wären wir der Gefahr durch verdorbene Lebensmittel oder giftige Gase oft völlig schutzlos ausgeliefert.

Der Grund für diese heftige Geruchswahrnehmung liegt darin, wie die Schwefelatome mit den Rezeptoren in Ihrer Nasenschleimhaut interagieren. Schwefel liebt Metallionen wie Kupfer oder Zink, die in unseren Geruchsrezeptoren als kleine Helfer eingebaut sind und die Bindung verstärken. Es ist biologisch faszinierend, wie unser Gehirn durch die Evolution darauf trainiert wurde, Schwefelgeruch sofort mit Gefahr oder Unbehagen zu verknüpfen. Diese instinktive Abneigung schützt Sie davor, giftige Verbindungen einzuatmen, die in hoher Dosis sogar die Atmung Ihrer Zellen blockieren könnten. Da Schwefel in der Natur fast immer bei biologischer Zersetzung frei wird, dient er uns als universelles Stoppsignal.

In der Industrie macht man sich diese Eigenschaft zunutze, indem man völlig geruchlosem Erdgas künstlich eine kleine Menge Thiole als Warnstoff beimischt. Diese Methode sorgt dafür, dass Sie ein Gasleck sofort bemerken und verhindert so schlimme Explosionen. Jede instinktive Abwehrreaktion, die Sie bei einem schlechten Geruch spüren, ist also das Ergebnis einer hochspezialisierten chemischen Kommunikation zwischen Ihrer Umwelt und Ihrem Nervensystem.

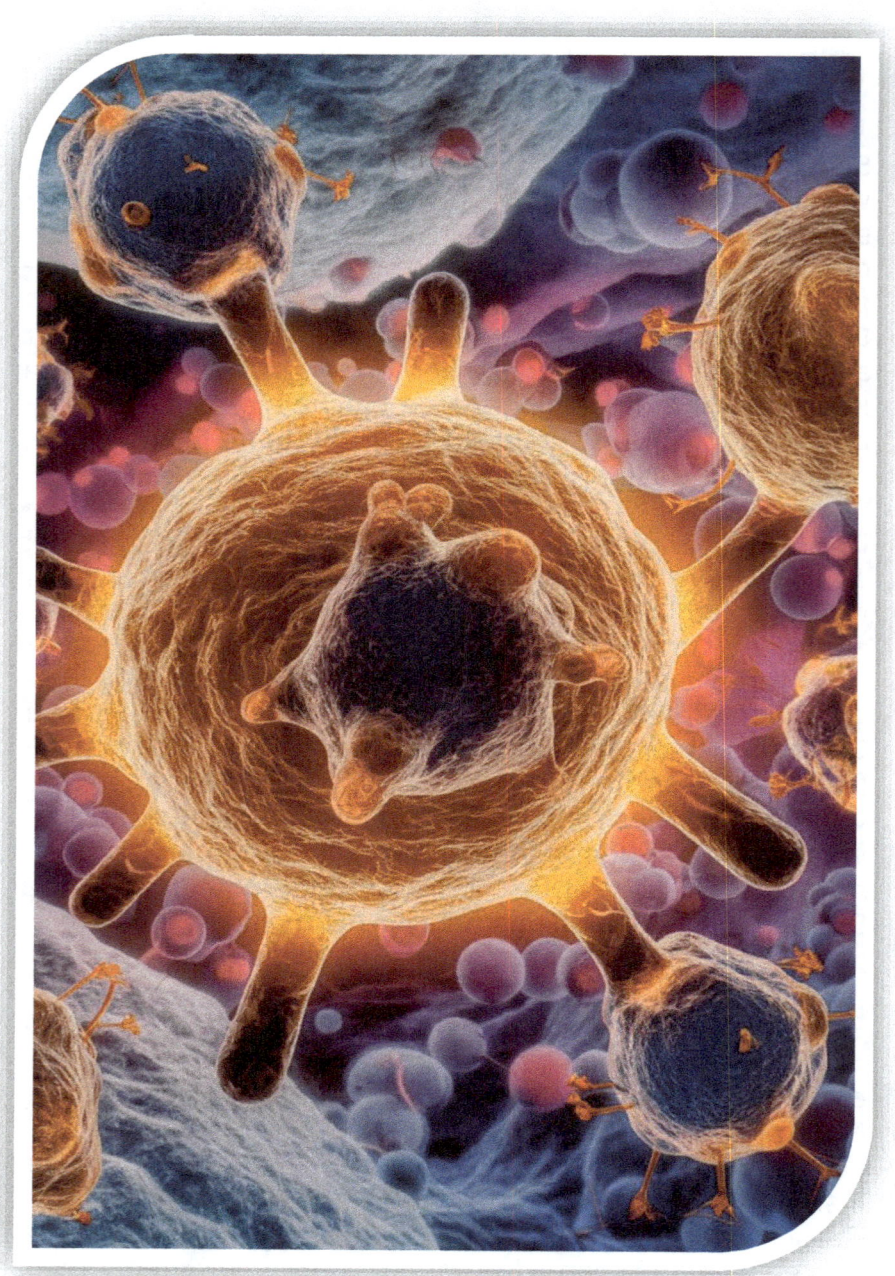

MASCHINEN DES LEBENS

Enzyme fungieren als hochspezialisierte biochemische Katalysatoren, die lebensnotwendige Reaktionen in Ihren Zellen milliardenfach beschleunigen. Jedes dieser Proteine besitzt ein »aktives Zentrum«, das nach dem Schlüssel-Schloss-Prinzip exakt auf einen bestimmten Stoff zugeschnitten ist. Durch die enorme Senkung der nötigen Startenergie können Prozesse bei Körpertemperatur ablaufen, die ohne diese Hilfe massive Hitze erfordern würden. Diese Präzision ermöglicht die Steuerung komplexester Abläufe, von der Signalübertragung im Gehirn bis zur fehlerfreien Reparatur Ihrer DNA. Ohne diese molekularen Werkzeuge kämen sämtliche Stoffwechselvorgänge in Ihrem Körper innerhalb von Sekunden zum Erliegen. Es ist faszinierend, wie diese winzigen Helfer in jedem Moment über Ihre Vitalität entscheiden.

Die Amylase in Ihrem Speichel markiert den Beginn der Verdauung, indem sie langkettige Stärke ganz einfach in Zucker spaltet. Parallel dazu leistet die DNA-Polymerase bei jeder Zellteilung echte Millimeterarbeit und kopiert Ihren genetischen Code fast ohne Fehler. Ein technologischer Meilenstein ist die Entdeckung von »Extremozymen« in der Tiefsee, die selbst bei über 100 °C stabil bleiben. Solche robusten Enzyme finden Sie heute in modernen Waschmitteln oder bei der präzisen PCR-Analytik wieder. Diese extreme Stabilität zeigt Ihnen die beeindruckende Anpassungsfähigkeit der Natur an die widrigsten Umweltbedingungen.

Die industrielle Biotechnologie nutzt dieses Wissen heute, um chemische Synthesen umweltfreundlicher und energieeffizienter nach dem Vorbild der Natur zu gestalten. Jede Ihrer Zellen bleibt so ein effizientes Chemielabor, das durch diese Regulation perfekt im Gleichgewicht gehalten wird. Enzyme bilden die unsichtbare Brücke zwischen toter Materie und lebendigen Organismen.

ETYMOLOGIE DES PERIODENSYSTEMS

Die Benennung chemischer Elemente spiegelt oft die kulturelle und geografische Zeitgeschichte ihrer Entdecker wider. So ehrt das künstlich erzeugte Californium (Cf) den US-Bundesstaat Kalifornien als bedeutendes Zentrum der modernen Kernforschung. Californium dient als starke Neutronenquelle und wird von Experten sowohl in der Krebstherapie als auch zur Materialprüfung eingesetzt. Nobelium (No) wiederum wurde nach Alfred Nobel benannt, obwohl seine Entdeckung zunächst Gegenstand hitziger internationaler Debatten zwischen Forschungsteams war. Diese Namen verewigen wissenschaftliche Pionierleistungen direkt in der Struktur des Periodensystems. Es ist beeindruckend, wie viel Historie in einem einzigen Elementsymbol stecken kann.

Mythologische Bezüge finden Sie in Elementen wie Thorium (Th), das nach dem nordischen Gott Thor benannt wurde und heute als potenzieller Kernbrennstoff gilt. Tantal (Ta) verdankt seinen Namen der griechischen Sagengestalt Tantalos, da das Metall in Säuren quasi »unstillbar« unlöslich ist. Ein bemerkenswerter geografischer Fakt ist das schwedische Dorf Ytterby, das als Namensgeber für gleich vier Elemente fungiert: Yttrium, Terbium, Erbium und Ytterbium. Diese Seltenen Erden sind für Ihre moderne Hochtechnologie wie Laser und Smartphones heute absolut unverzichtbar. Jede Entdeckung an diesem kleinen Ort markierte damals einen Meilenstein der anorganischen Chemie.

Die Namen sind somit weit mehr als bloße Etiketten für Protonenzahlen; sie bilden ein Mosaik aus Mythos, Geografie und Geschichte. Die Elementbenennung zeigt uns, dass Wissenschaft stets in einem gesellschaftlichen Kontext steht. Durch diese sprachliche Verbindung bleiben die Umstände ihrer Entdeckung für nachfolgende Generationen lebendig.

WUNDERWAFFE GEGEN SCHMUTZ

Seife besitzt die einzigartige Fähigkeit, wasserunlösliche Fette und Schmutz durch ihre bipolare Molekülstruktur effektiv zu binden. Ein Seifenmolekül besteht aus einem langen, wasserabweisenden Schwanz und einem wasserliebenden, geladenen Kopf. Diese Tenside setzen die Oberflächenspannung des Wassers herab, wodurch es Oberflächen viel effektiver benetzen kann. Wenn Seife auf Fett trifft, richten sich die wasserabweisenden Enden zum Schmutz aus, während die wasserliebenden Köpfe nach außen ragen. Dieser Prozess führt zur Bildung von winzigen Kugeln, den sogenannten Mizellen, welche die Fetttröpfchen im Inneren sicher einschließen. Es ist faszinierend, wie diese winzigen Gebilde den Schmutz regelrecht in die Zange nehmen. So wird eigentlich Unmischbares durch einen cleveren Trick der Natur doch miteinander verbunden.

In der wässrigen Umgebung bleiben diese Mizellen fein verteilt, da sich ihre gleichartig geladenen Köpfe gegenseitig abstoßen. Dadurch entsteht eine stabile Emulsion, die verhindert, dass sich die gelösten Fettpartikel erneut an der Oberfläche festsetzen. Sobald Sie durch Reiben mechanische Energie hinzufügen, lösen sich die Schmutzpartikel vollständig ab und schweben im Waschwasser. Beim anschließenden Abspülen werden diese Einheiten einfach mit dem Wasserstrom weggetragen. Die wasserliebenden Köpfe fungieren dabei als chemische »Anker«, die das gesamte Paket fest mit der Flüssigkeit verbinden.

Moderne Flüssigseifen nutzen oft synthetische Tenside, die selbst in hartem, kalkhaltigem Wasser eine hohe Reinigungskraft bewahren. Jede Handwäsche ist somit ein komplexer molekularer Vorgang, der auf der präzisen Wechselwirkung zwischen polaren und unpolaren Stoffen basiert. Diese einfache chemische Reaktion schützt Sie zuverlässig vor Keimen, die oft hartnäckig in Fettschichten auf der Haut haften.

EIN KLASSIKER DER MEDIZIN

Aspirin, das Fachleute Acetylsalicylsäure nennen, zählt zu den wichtigsten Wirkstoffen der Medizingeschichte. Die moderne Herstellung basiert darauf, dass man das Salicin aus der Weidenrinde durch einen chemischen Trick – die sogenannte Acetylierung – in eine verträglichere Form bringt. Dieser Stoff blockiert ganz gezielt Enzyme und stoppt so die Produktion von Botenstoffen, die normalerweise Schmerzsignale aussenden. So lindert die kleine Tablette effektiv Entzündungen und senkt Fieber, indem sie einfach die biochemische Signalkette unterbricht. Es ist wirklich faszinierend, wie ein so kleines Molekül die Schmerzweiterleitung im gesamten Körper kontrollieren kann. Durch diese gezielte Blockade wird der Schmerz direkt an der Quelle ausgeschaltet.

Neben der Schmerztherapie entfaltet Aspirin lebensrettende Wirkungen, indem es die Blutplättchen beeinflusst. Ein wichtiger medizinischer Punkt ist dabei die Unterdrückung eines Botenstoffs, der Ihre Blutplättchen normalerweise dazu bringt, zusammenzukleben. Durch diese blutverdünnende Eigenschaft verhindert das Medikament, dass sich gefährliche Gerinnsel in Ihren Gefäßen bilden. Ein echter Durchbruch war die Erkenntnis, dass bereits winzige Dosen das Risiko für Herzinfarkte und Schlaganfälle deutlich senken können. Heute gehört Aspirin deshalb weltweit zum Standard, wenn es darum geht, Herz-Kreislauf-Erkrankungen vorzubeugen. Damit rettet die einstige »Schmerztablette« jeden Tag unzählige Menschenleben vor plötzlichen Gefäßverschlüssen.

Die Forschung untersucht zudem das Potenzial der Substanz bei der Vorbeugung bestimmter Krebserkrankungen. Jede Einnahme zeigt uns die präzise Steuerung komplexer Prozesse durch ein eigentlich recht einfaches organisches Molekül. Dieser Wirkstoff aus der Natur wurde durch chemische Optimierung zu einem echten globalen Lebensretter.

BRANDBEKÄMPFUNG MIT KÖPFCHEN

Feuerlöscher bekämpfen Brände, indem sie gezielt in die physikalischen und chemischen Bedingungen des Verbrennungsprozesses eingreifen. Sie unterbrechen das »Verbrennungsdreieck« aus Brennstoff, Wärme und Sauerstoff durch spezialisierte Löschmittel. Die enorme Wärmekapazität von Wasser entzieht dem Feuer Energie und senkt die Temperatur unter den Zündpunkt des brennbaren Materials. Schaumlöscher hingegen bilden eine luftundurchlässige Barriere, die den für die Oxidation notwendigen Sauerstoff zuverlässig abschirmt. Diese Trennung von Atmosphäre und Brandherd ist besonders bei brennbaren Flüssigkeiten wie Benzin entscheidend.

Pulverlöscher nutzen einen chemischen Mechanismus, bei dem Partikel aus Ammoniumphosphat oder Bikarbonaten die Radikalkette der Verbrennung stören. Ein chemisch signifikanter Fakt ist die sogenannte »Antikatalyse«, bei der das Pulver die hochreaktiven Zwischenprodukte der Flamme neutralisiert. Im Gegensatz dazu verdrängen CO_2 - Löscher den Sauerstoff durch ein schwereres Schutzgas, das rückstandslos verdampft und somit empfindliche Elektronik schont. Die Wahl des richtigen Mittels verhindert gefährliche Reaktionen, wie die Fettexplosion bei Wasseranwendung. Jedes Löschmittel ist somit präzise auf die jeweilige Brandklasse und deren molekulare Eigenschaften abgestimmt.

Das Verständnis dieser Löschprinzipien rettet im Ernstfall Leben und schützt wertvolle Sachwerte vor Zerstörung. Moderne Brandschutztechnik kombiniert heute oft verschiedene Wirkweisen, um eine maximale Effizienz bei minimalen Folgeschäden zu erreichen. Der Einsatz von Löschmitteln verdeutlicht, wie kontrollierte chemische Reaktionen unkontrollierte Brände bändigen können. Jede rechtzeitige Intervention unterbricht die zerstörerische Kraft der Oxidation bereits im Keim.

WINZLINGE MIT GROSSER WIRKUNG

Die Nanotechnologie taucht in eine Welt ein, die unserem Vorstellungsvermögen fast entgleitet: eine Dimension, in der Materie so klein ist, dass vertraute Regeln ins Wanken geraten. Dort beginnen Stoffe, sich wie Zauberwesen zu verhalten – sie schimmern in ungeahnten Farben, leiten Strom nahezu widerstandslos oder werden plötzlich unglaublich reaktionsfreudig.

Winzige Teilchen mit gewaltiger Oberfläche wirken wie unsichtbare Beschleuniger chemischer Prozesse. Besonders in der Medizin entfaltet diese Miniaturwelt ihr enormes Potenzial: Nanopartikel transportieren Wirkstoffe wie präzise gelenkte Kuriere direkt zu Tumorzellen und umgehen dabei möglichst viel gesundes Gewebe. Krebstherapien werden dadurch gezielter, sanfter und für Betroffene oft erträglicher – ein leiser, aber entscheidender Fortschritt.

Auch unsere digitale Welt wird von diesen atomaren Strukturen neu geformt. Graphen, eine hauchdünne Schicht aus Kohlenstoffatomen, begeistert Forschende durch seine außergewöhnliche Leitfähigkeit und Stabilität. Auf dieser Grundlage entstehen immer kleinere Nanotransistoren, die Rechenleistung verdichten wie nie zuvor. Sie sind das unsichtbare Herz kommender Technologiegenerationen – von leistungsfähigeren Smartphones bis hin zu neuartigen Rechenkonzepten.

Selbst Umweltprobleme rücken durch die Nanotechnologie in greifbare Nähe der Lösung. Feinste Filterstrukturen fangen Schadstoffe, Keime oder Viren aus Wasser und Luft ab, die früher ungehindert hindurchgeglitten wären.

Die Nanotechnologie zeigt eindrucksvoll, dass echte Umbrüche oft im Verborgenen beginnen – dort, wo einzelne Atome neu angeordnet werden und aus dem Unsichtbaren etwas entsteht, das unsere Zukunft spürbar verändert.

MOLEKÜLE DES GESCHMACKS

Unser Geschmackssinn basiert darauf, dass winzige Moleküle an Rezeptoren andocken, die dann komplexe Signale an Ihr Gehirn senden. Wir unterscheiden dabei fünf Grundrichtungen: süß, sauer, salzig, bitter und das herzhafte »Umami«. Das Schlüssel-Schloss-Prinzip Ihrer Geschmacksknospen bewirkt, dass etwa Glukose-Moleküle ganz bestimmte Süßrezeptoren aktivieren und Ihrem Körper so wertvolle Energiequellen signalisieren. Während Salzigkeit direkt durch Natriumionen ausgelöst wird, braucht »Umami« die Bindung von Glutaminsäure. Diese ständige Analyse auf der Zunge schützt Sie instinktiv vor Giftstoffen, die oft extrem bitter schmecken, und belohnt Sie für nährstoffreiche Nahrung.

Besonders skurril ist der genetische Unterschied bei der Wahrnehmung von Koriander, den viele Menschen als seifig empfinden. Die Ursache liegt im Gen »OR6A2«, das einen Empfänger für Aldehyde steuert – das sind chemische Verbindungen, die sowohl in Koriander als auch in Seifen vorkommen. Ein genetischer Fakt ist, dass Träger einer bestimmten Variante dieses Gens diese Aldehyde extrem dominant wahrnehmen und das Aroma deshalb als unangenehm interpretieren. Ähnliche Unterschiede gibt es für Bitterstoffe in Brokkoli, was maßgeblich beeinflusst, ob Sie bestimmte Gemüsesorten mögen oder nicht. Ihre Genetik schreibt also ein Stück weit direkt Ihren Speiseplan vor. Es ist faszinierend, wie ein einziges Gen darüber entscheidet, ob ein Gewürz für Sie nach Urlaub oder nach Spülmittel schmeckt.

Geschmack ist also keine feste Eigenschaft von Lebensmitteln, sondern das Ergebnis Ihrer ganz persönlichen biochemischen Reaktionen. Jede Mahlzeit löst ein einzigartiges Feuerwerk aus Ionenströmen und Nervenimpulsen aus, das schon durch Ihre Vorfahren geprägt wurde. Diese molekulare Detektivarbeit der Zunge sichert seit Jahrtausenden das Überleben und den Genuss unserer Spezies.

STROM OHNE WIDERSTAND

Supraleitung beschreibt einen quantenmechanischen Zustand, in dem Materialien bei Unterschreiten einer kritischen Temperatur ihren elektrischen Widerstand vollständig verlieren. In diesem Modus fließen Elektronen ohne jegliche Reibung oder Energieverlust als kohärente Paare durch das Kristallgitter. Der Meißner-Ochsenfeld-Effekt bewirkt, dass ein Supraleiter ein äußeres Magnetfeld vollständig aus seinem Inneren verdrängt. Dies ermöglicht das spektakuläre Schweben von Magneten über der Materialoberfläche, da die Feldlinien das Objekt stabil in der Luft halten. Diese verlustfreie Leitung revolutioniert die Effizienz von Stromnetzen und ermöglicht extrem starke Magnetfelder in der Medizintechnik.

Besonders prominent ist der Einsatz supraleitender Spulen in Magnetresonanztomographen (MRT), um präzise Einblicke in den menschlichen Körper zu gewinnen. Ein technologischer Meilenstein ist zudem die Entwicklung von Magnetschwebebahnen, die dank supraleitender Lager nahezu reibungsfrei über Schienen gleiten können. Die größte Hürde bleibt jedoch die erforderliche Kühlung mit flüssigem Helium auf Temperaturen nahe dem absoluten Nullpunkt bei 0 °K.

Ein wissenschaftlich bedeutender Fortschritt sind Hochtemperatursupraleiter, die bereits bei der Temperatur von flüssigem Stickstoff (-196 °C) funktionieren. Diese keramischen Werkstoffe machen die Technologie für industrielle Anwendungen wesentlich kostengünstiger und praktikabler.

Die Forschung sucht intensiv nach Materialien, die Supraleitung unter Normalbedingungen ermöglichen, was die globale Energieversorgung grundlegend verändern würde. Jedes verlustfrei transportierte Elektron spart gigantische Mengen an Ressourcen und schont das Klima nachhaltig.

LEBENDIGE GESCHICHTE IN STEIN

Die Versteinerung beschreibt den komplexen Wandel, bei dem sich Reste von Lebewesen über Millionen von Jahren in mineralische Zeugnisse verwandeln. Wichtig ist dabei die Einlagerung von Mineralien: Wasser aus dem Boden dringt in die winzigen Poren von Knochen oder Holz ein und hinterlässt dort beim Trocknen Kristalle. Die ursprünglichen Baustoffe des Knochens werden dabei Stück für Stück durch stabilere Minerale wie Kieselsäure oder Kalk ersetzt. Dieser Prozess bewahrt das feine Muster des Gewebes, während die eigentlichen organischen Bestandteile mit der Zeit komplett verschwinden. Durch diese Verwandlung entstehen steinerne Kopien, die uns heute detaillierte Einblicke in den Körperbau längst ausgestorbener Arten geben. Ohne diesen Austausch von Stoffen würden biologische Reste im Boden einfach zerfallen.

Ein anderer wichtiger Vorgang ist die Verkohlung, die vor allem bei Pflanzen unter hohem Druck und ohne Luft abläuft. Dabei entweichen Gase, während ein stabiler Film aus Kohlenstoff die Umrisse der Pflanze für die Ewigkeit festhält. Ein spannender chemischer Aspekt ist die Untersuchung der Isotope in diesen Funden, die uns verrät, wie die Luft damals zusammengesetzt war. Anhand dieser speziellen Kohlenstoff-Signatur können Forscher genau feststellen, wie urzeitliche Pflanzen gelebt haben und wann sich das Klima veränderte. Diese chemischen Fingerabdrücke dienen uns heute als ein riesiges Archiv der gesamten Erdgeschichte.

Moderne Methoden entdecken heute sogar Reste von Farben oder Eiweißen in besonders gut erhaltenen Stücken. Jedes Fossil ist somit ein chemisches Mosaik, das die Verbindung zwischen Biologie und Geologie perfekt darstellt. Die Versteinerung zeigt uns, wie die Natur flüchtiges Leben in dauerhafte Materie übersetzt und für uns konserviert.

STREITFALL PFLANZENSCHUTZ

Glyphosat ist das weltweit am häufigsten genutzte Mittel gegen Unkraut und blockiert gezielt einen Stoffwechselweg, den es nur in Pflanzen, Bakterien und Pilzen gibt. Es stoppt ein bestimmtes Enzym und verhindert so, dass die Pflanze lebensnotwendige Bausteine für ihre Proteine herstellen kann. Ohne diese Bausteine stirbt die Pflanze innerhalb weniger Tage einfach ab. Diese enorme Wirkung hat die Landwirtschaft revolutioniert, da Felder ohne mühsames Pflügen unkrautfrei gehalten werden können. Da Menschen diesen speziellen Stoffwechselweg gar nicht besitzen, galt der Wirkstoff lange Zeit als harmlos für unsere Gesundheit. So konnten Landwirte ihre Erträge mit geringem Aufwand deutlich steigern.

Trotz der Vorteile in der Landwirtschaft gibt es heftige wissenschaftliche und rechtliche Diskussionen um das Mittel. Ein Streitpunkt ist die Einstufung durch eine Krebsagentur der WHO als »wahrscheinlich krebserregend«, während andere Behörden bei richtiger Anwendung kein großes Risiko sehen. Kritiker weisen zudem auf die Folgen für die Natur hin, da der massive Einsatz die Vielfalt an Tieren und Pflanzen auf den Äckern verringert. Diese unterschiedlichen Bewertungen führten weltweit zu Verboten und teuren Klagen vor Gericht. Befürworter betonen hingegen, wie wichtig das Mittel für die weltweite Ernährung und günstige Lebensmittelpreise ist.

Die Diskussion um Glyphosat zeigt, wie schwierig es ist, chemischen Fortschritt und Verantwortung für die Umwelt zu vereinen. Jede Entscheidung über eine Zulassung erfordert eine schwierige Abwägung zwischen dem Nutzen für die Wirtschaft und möglichen Folgen für die Zukunft. Das Herbizid bleibt ein Symbol für den starken Einfluss der Industriechemie auf unsere moderne Umwelt. Die Suche nach alternativen Methoden bleibt daher ein wichtiges Thema in der Forschung.

VOM ERZ ZUM ALGORITHMUS

Ein modernes Smartphone ist ein hochkomplexes chemisches Lager, in dem über 60 verschiedene Elemente präzise zusammenwirken. Das Herzstück bildet reines Silizium, das als Grundlage für Milliarden kleinster Schalter in den Prozessoren dient. Ein technischer Meilenstein ist die Vermischung dieses Siliziums mit Spuren von Phosphor oder Bor, um den Stromfluss exakt zu steuern. Für die feinen Leitungen und stabilen Kontakte werden Edelmetalle wie Gold, Silber und Kupfer verwendet, da sie Strom extrem gut leiten und nicht rosten. Ohne diese metallischen Verbindungen wäre eine schnelle Datenverarbeitung auf so engem Raum unmöglich. Es ist beeindruckend, wie viele wertvolle Stoffe in diesem flachen Gehäuse stecken.

Die Energieversorgung basiert auf der Lithium-Ionen-Chemie, die viel Kraft bei geringem Gewicht garantiert. Ein wichtiger chemischer Fakt ist die Wanderung von Lithium-Teilchen zwischen zwei Polen während des Ladens und Entladens. Die Displays wiederum nutzen eine seltene Verbindung aus Indium und Zinn, die gleichzeitig durchsichtig und leitfähig ist, damit Ihr Touchscreen auf Berührungen reagiert. Für die leuchtenden Farben sorgen Seltene Erden wie Europium, die in den winzigen Bildpunkten als Leuchtstoffe dienen. Diese knappen Ressourcen machen jedes Gerät zu einem wertvollen Rohstofflager.

Die Gewinnung dieser Metalle ist jedoch oft mit hohen Kosten für die Umwelt und die Menschen in den Abbaugebieten verbunden. Jedes alte Gerät bleibt daher eine wichtige Quelle für das Recycling seltener Elemente. Die Zusammensetzung eines Smartphones zeigt uns deutlich, wie sehr unser digitaler Alltag von der Beherrschung der Chemie abhängt. Die Forschung sucht bereits nach nachhaltigeren Alternativen für kritische Metalle wie Kobalt.

GEHEIMNISSE DER KÜCHE

Unsere Küchen sind kleine chemische Labore, in denen Hitze und die Zusammenarbeit kleinster Teilchen die Nahrung in ein Erlebnis verwandeln. Ein wichtiger Prozess ist die »Maillard-Reaktion«, bei der ab etwa 140 °C Bausteine von Eiweiß und Zucker miteinander reagieren. Ein chemischer Fakt ist dabei die Entstehung hunderter neuer Aromastoffe, die für die appetitliche Bräunung verantwortlich sind. Diese Reaktion verleiht nicht nur gebratenem Fleisch, sondern auch der Brotkruste und geröstetem Kaffee ihren typischen Duft. Ohne diesen Vorgang blieben viele Speisen farblos und würden nach fast nichts schmecken. In der Pfanne entstehen so völlig neue Geschmackswelten.

Neben dem Aroma verändert Hitze auch das Gefühl im Mund, indem sie Eiweiße »denaturiert«. Die Wärme sorgt dafür, dass sich die gefalteten Ketten in Eiern oder Fleisch entfalten und zu einem festen Netz neu verbinden.

Ein weiterer wichtiger Vorgang ist das Karamellisieren, bei dem reiner Zucker bei über 160 °C Wasser verliert und in süß-herbe Verbindungen zerfällt. Für glatte Saucen sorgt die Emulgierung, bei der Helfer wie das Lecithin aus Eigelb als Vermittler zwischen Öl und Wasser dienen. Diese Emulgatoren besitzen sowohl wasser- als auch fettliebende Enden und verhindern so, dass sich Fettaugen auf der Sauce bilden.

Das Verständnis dieser chemischen Prinzipien erlaubt es Köchen, die Festigkeit und den Geschmack ihrer Gerichte genau zu steuern. Jede perfekt gebundene Sauce und jede knusprige Kruste ist das Ergebnis kontrollierter Reaktionen. Die Molekulargastronomie zeigt uns deutlich, dass Kochen eine exakte Wissenschaft ist, die unsere Sinne anspricht. Die Küche bleibt somit der Ort, an dem Chemie direkt erlebbar und genießbar wird.

POLYMERE DER MODERNE

Die Entwicklung von Teflon und Nylon markiert den Beginn einer Zeit, in der künstlich hergestellte Riesenmoleküle unseren Alltag veränderten. Teflon wurde 1938 zufällig entdeckt und ist extrem widerstandsfähig gegen chemische Einflüsse. Die Verbindung zwischen seinen Atomen ist so stark, dass kaum ein anderer Stoff an der Oberfläche haften bleibt oder mit ihm reagiert. Diese Eigenschaft macht Teflon zum idealen Material für Pfannenbeschichtungen und Spezialdichtungen in der Technik. Da kaum etwas an ihm klebt, hat der Stoff sowohl die Küche als auch die Raumfahrt revolutioniert. In der Pfanne sorgt er dafür, dass Ihr Essen ganz ohne Anbrennen gleitet.

Nylon hingegen wurde gezielt als erste rein künstliche Faser entwickelt. Ein technischer Meilenstein war die Herstellung langer Ketten, die extrem reißfest und dehnbar sind, aber fast nichts wiegen. Diese Vorteile machten Nylon zum perfekten Ersatz für teure Seide, wodurch schicke Kleidung für viel mehr Menschen bezahlbar wurde.

Während des Zweiten Weltkriegs war das Material zudem unverzichtbar für die Herstellung von Fallschirmen und Seilen. Seine Struktur sorgt dafür, dass die Faser sehr robust gegenüber Reibung und Nässe bleibt. So wurde aus einem chemischen Experiment ein Stoff, der heute in fast jedem Kleiderschrank zu finden ist.

Die Erfolgsgeschichte dieser Kunststoffe zeigt uns, wie durch das Zusammenfügen einfacher Bausteine völlig neue Materialien entstehen. Jede Pfannenbeschichtung und jede Kunstfaser ist ein direktes Ergebnis moderner Chemie im großen Stil. Diese Entdeckungen bilden das Fundament für unzählige Anwendungen in der Medizin, Technik und Mode. Die ständige Weiterentwicklung dieser Materialien treibt heute die Suche nach umweltfreundlichen Kunststoffen voran.

BRENNBARER IRRTUM

Mehr als ein Jahrhundert lang glaubten Forscher an die Phlogiston-Theorie, um zu erklären, warum Dinge brennen. Die Idee war einfach: In allem Brennbaren sollte ein feuriger Stoff namens »Phlogiston« stecken, der beim Feuer einfach in die Luft entweicht. Man dachte damals, dass etwa glänzende Metalle ihre Pracht verlieren, wenn sie diesen Stoff abgeben und zu einer Art Asche werden. Doch als Wissenschaftler begannen, alles ganz genau nachzuwiegen, stießen sie auf ein Rätsel. Sie stellten fest, dass Metalle nach dem Verbrennen schwerer waren als vorher, was gar nicht zur Abgabe eines Stoffes passte. Dieser Widerspruch brachte das alte Weltbild der Alchemisten gewaltig ins Wanken.

Dieses Rätsel löste schließlich Antoine Lavoisier, der durch exakte Messungen bewies, dass Verbrennung keine Abgabe, sondern eine Aufnahme von Sauerstoff ist. Eine bahnbrechende Erkenntnis war dabei, dass Luft kein einheitliches Element ist, sondern eine Mischung aus verschiedenen Gasen. Mit dieser Entdeckung stürzte Lavoisier das alte Gedankengebäude und begründete die Chemie als echte Naturwissenschaft, in der Zahlen und Gewichte zählen. Die ausgedachte Substanz wurde durch das Gesetz ersetzt, dass bei einer Reaktion niemals Materie verloren geht. Sein berühmtes Lehrbuch markierte den endgültigen Bruch mit den alten Traditionen der Alchemie. Er zeigte der Welt, dass man der Natur nur mit präzisen Waagen ihre wahren Geheimnisse entlocken kann.

Die Geschichte des Phlogistons zeigt eindrucksvoll, wie sich die Wissenschaft durch den Mut zur Korrektur falscher Annahmen weiterentwickelt. Jede gescheiterte Theorie dient oft als notwendiges Sprungbrett für eine tiefere Wahrheit über unsere Welt. Dieser Wandel macht deutlich, dass erst die Kombination aus klugen Ideen und ganz genauen Experimenten den Weg zum modernen Wissen ebnet.

MAGIE AUS DEM REAGENZGLAS

Die Welt der künstlichen Aromen ist eine Mischung aus Chemie und Kunst, die unseren Geschmack im Alltag perfektioniert. Chemiker nutzen spezielle Geräte, um die wichtigsten Bausteine natürlicher Früchte zu finden und bauen diese dann im Labor ganz gezielt nach. Bestimmte Verbindungen, die man »Ester« nennt, ahmen schon in winzigen Mengen den intensiven Geschmack von Ananas nach. Diese künstlichen Kopien halten Hitze oft besser aus und sind viel günstiger als echte Früchte, was sie für die Industrie unverzichtbar macht. Oft reicht schon ein einziges Molekül aus, um unserem Gehirn eine komplette Frucht vorzugaukeln. So entsteht ein intensives Erlebnis, das uns täuschend echt vorkommt.

Ein bekanntes Beispiel ist Vanillin, das heute in großen Mengen aus einem Nebenprodukt der Papierherstellung gewonnen werden kann. Ein technischer Meilenstein ist dabei, dass die Struktur dieses künstlichen Stoffs exakt der echten Vanilleschote entspricht, aber nur einen Bruchteil kostet. Diese Präzision macht es möglich, die riesige weltweite Nachfrage nach Vanille überhaupt zu bedienen. Forscher kombinieren verschiedene Stoffe geschickt miteinander, um den Geschmack so tief und echt wie möglich wirken zu lassen. Das Ergebnis ist eine Täuschung der Sinne, die wir oft sogar stärker wahrnehmen als das natürliche Original.

Die Entwicklung neuer Aromen braucht sowohl tiefes chemisches Wissen als auch ein feines Gespür für kleinste Details. Jede künstliche Leckerei ist das Ergebnis vieler Versuche, bis das Gleichgewicht der Teilchen perfekt passt. Unsere modernen Essgewohnheiten sind somit eng mit den Erfolgen der Chemie verknüpft. Das Labor sorgt dafür, dass Ihre Lebensmittel immer genau so schmecken, wie Sie es erwarten.

UNSICHTBARE BEDROHUNG

Chemische Kampfstoffe zeigen auf tragische Weise, wie wissenschaftliches Wissen für zerstörerische Zwecke missbraucht werden kann. Ein bekanntes Beispiel ist das Senfgas, das seine Giftwirkung entfaltet, indem es wichtige Bausteine wie die DNA in unseren Zellen schädigt. Bei diesem Stoff treten schmerzhafte Blasen und schwere Schäden an der Haut oft erst viele Stunden nach dem Kontakt auf. Die Substanz greift besonders feuchte Stellen wie Augen und Atemwege an, was sie zu einer heimtückischen Bedrohung macht. Weil der Stoff in der Umwelt sehr stabil bleibt, sind extrem aufwendige Reinigungsmaßnahmen durch Spezialisten nötig. Die chemische Struktur sorgt dafür, dass das Gift lange Zeit gefährlich bleibt.

Ganz anders wirkt Sarin, ein extrem starkes Nervengift, das die lebenswichtige Verständigung zwischen Nerven und Muskeln unterbricht. Sarin blockiert einen bestimmten Eiweißstoff, der normalerweise Signale im Körper wieder abschaltet. Ohne diesen »Ausschalter« wird der Körper mit Botenstoffen überflutet, was innerhalb weniger Minuten zu Krämpfen und Atemstillstand führt. Da die Muskeln dauerhaft angespannt bleiben, bricht das gesamte System schnell zusammen.

Besonders gefährlich ist, dass Sarin die Schutzbarriere zum Gehirn mühelos überwindet und dort direkt schwere Schäden anrichtet. Da es zudem völlig geruchlos ist, gehört es zu den gefährlichsten Substanzen, die jemals im Labor hergestellt wurden.

Die Geschichte dieser Stoffe bleibt eine mahnende Erinnerung an die moralische Verantwortung in der Wissenschaft. Jede Entdeckung kann Fortschritt bringen, erfordert aber gleichzeitig eine strenge Kontrolle. Jedes Molekül hat das Potenzial zu heilen oder zu schaden, weshalb ethische Grenzen unverzichtbar sind.

ENERGIE AUS DER ZELLE

Batterien sind wie kleine Kraftwerke, die Energie in Form von Chemie speichern und sie bei Bedarf als Strom wieder abgeben. In ihrem Inneren wandern winzige Teilchen von einem Pol zum anderen, während eine spezielle Flüssigkeit im Gehäuse für Ordnung sorgt. Wie viel Power eine Batterie hat, entscheiden die verwendeten Materialien im Inneren. In Ihrem Smartphone stecken meist Lithium-Akkus, bei denen sich die Teilchen in hauchdünne Kohlenstoffschichten schieben – das macht sie leicht und immer wieder aufladbar. Dieser Stromfluss lässt Ihre digitalen Begleiter den ganzen Tag arbeiten. Ohne diese flinken Teilchen blieben unsere Handys und Laptops einfach dunkel. Es ist die perfekte Zusammenarbeit auf kleinstem Raum, die unseren mobilen Alltag überhaupt erst möglich macht. Selbst modernste Elektroautos vertrauen auf genau dieses Prinzip der wandernden Ionen.

Es gibt aber auch den umgekehrten Weg: Mit Strom lassen sich Stoffe wie Wasser ganz gezielt in ihre Einzelteile zerlegen. Das nennt man Elektrolyse. Dabei wird elektrische Energie genutzt, um aus einfachem Wasser reinen Wasserstoff zu gewinnen, der als sauberer Treibstoff für die Zukunft gilt. Bei diesem Vorgang wird das Wasser in gasförmigen Sauerstoff und Wasserstoff gespalten. Diese Technik hilft uns dabei, sauberen Strom aus Windrädern für später aufzubewahren. Außerdem nutzen Firmen dieses Prinzip, um Gegenstände mit einer dünnen Metallschicht vor Rost zu schützen. So wird aus Strom ein wertvoller Vorrat an Energie.

Wer diese chemischen Abläufe versteht, hält den Schlüssel für eine saubere Umwelt in der Hand. Jede Verbesserung der Materialien sorgt dafür, dass Ihre Akkus länger halten und schneller laden. Die Elektrochemie beweist uns jeden Tag, dass die Bewegung kleinster Teilchen die Lösung für unsere Energieprobleme sein kann.

MAGISCHE BACKHELFER

Backpulver und Natron sind kleine Helfer, die in der Küche für lockeres Gebäck sorgen, indem sie ganz gezielt das Gas Kohlendioxid freisetzen. Natron braucht dafür immer einen sauren Partner im Teig, wie zum Beispiel Buttermilch oder einen Spritzer Zitronensaft. Sobald diese beiden aufeinandertreffen und im Ofen warm werden, entstehen sofort viele winzige Bläschen, die den Teig aufblähen. Backpulver ist dagegen eine fertige Mischung: Hier ist das saure Gegenstück schon direkt mit im Pulver enthalten. Ein Trennmittel sorgt dafür, dass die beiden Stoffe in der Tüte noch nicht miteinander reagieren und schön trocken bleiben. So bleibt die Kraft des Pulvers bis zum Backen erhalten. Diese winzigen Gaskammern dehnen sich unter Hitze immer weiter aus, bis der Kuchen seine fluffige Form behält. Es ist faszinierend zu sehen, wie aus einem flüssigen Teig durch diese unsichtbaren Gase ein stabiles Gerüst entsteht.

Ohne diese chemischen Reaktionen würden Ihre Kuchen und Brote schwere, flache Fladen bleiben. Interessant ist auch, dass Natron dafür sorgt, dass Gebäck schneller braun wird und intensiver duftet. In der modernen Küche ermöglichen diese Pulver blitzschnelle Ergebnisse, ohne dass man wie bei Hefe stundenlang warten muss. Da Natron Säuren neutralisieren kann, hilft es auch prima als Hausmittel gegen schlechte Gerüche im Kühlschrank. Die richtige Menge der weißen Pulver ist oft das Geheimnis für ein perfekt gelungenes Ergebnis. In der Schüssel passiert also viel mehr, als man auf den ersten Blick sieht.

Wer diese einfachen Regeln von Säure und Base versteht, macht aus seiner Küche ein kleines Labor für leckeres Essen. Jede einzelne Blase im Teig ist das Ergebnis einer Verwandlung, bei der Hitze für Volumen sorgt. Die Backchemie zeigt uns, wie einfache Stoffe das Gefühl und den Genuss unserer Lebensmittel verbessern können.

KUNST DER MOLEKULAREN TARNUNG

Tarnkappenflugzeuge nutzen spezielle Materialbeschichtungen und eine gezielte Formgebung, um ihre Sichtbarkeit für Radarsysteme stark zu reduzieren. Neben der charakteristischen Geometrie kommen sogenannte radarabsorbierende Materialien zum Einsatz, die elektromagnetische Wellen nicht einfach reflektieren, sondern einen Teil ihrer Energie im Material dämpfen und in Wärme umwandeln. Häufig enthalten diese Schichten Ferrit- oder Eisenoxidpartikel, deren magnetische Eigenschaften Radarstrahlung wirksam abschwächen. Die Beschichtungen müssen dabei extrem widerstandsfähig sein, da sie hohen Temperaturen, Luftreibung und mechanischer Belastung standhalten müssen. Gleichzeitig dürfen sie die aerodynamischen Eigenschaften der Oberfläche nicht beeinträchtigen, da selbst kleine Unebenheiten den Luftwiderstand erhöhen würden.

Ergänzend werden kohlenstoffbasierte Nanomaterialien wie Kohlenstoffnanoröhrchen erforscht und teilweise eingesetzt, da sie Radarwellen über einen breiten Frequenzbereich absorbieren können. In Kombination mit speziellen Polymermatrizen lassen sich so Materialien herstellen, die sowohl elektromagnetische als auch thermische Signaturen beeinflussen. Die eigentliche Reduktion der Infrarotsichtbarkeit wird jedoch vor allem durch Triebwerkskonstruktion und Abgasführung erreicht. Auch die Abstimmung dieser Materialien auf unterschiedliche Radarsysteme stellt eine große technische Herausforderung dar, da moderne Sensoren in vielen Frequenzbereichen arbeiten.

Die Wirkung der Tarnung hängt stark von der Unversehrtheit der Außenhaut ab. Bereits kleine Beschädigungen, Kanten oder ungleichmäßige Übergänge können das Radarecho deutlich erhöhen. Deshalb erfordert die Wartung dieser Flugzeuge höchste Präzision.

UNSICHTBARE BOTSCHAFTEN

Pheromone sind chemische Botenstoffe, mit denen Lebewesen Informationen austauschen, ohne Laute oder sichtbare Signale zu nutzen. Besonders im Tierreich spielen sie eine zentrale Rolle, da sie Verhalten, Orientierung und Fortpflanzung steuern. Bei Ameisen etwa bilden Pheromone ein regelrechtes Kommunikationsnetz: Mit ihnen markieren sie Wege zu Nahrungsquellen, warnen vor Gefahren oder koordinieren die Arbeit im Bau. Selbst kleinste Mengen reichen aus, um ganze Kolonien in Bewegung zu setzen.

Auch viele Insekten nutzen diese Duftsignale zur Partnersuche. Schmetterlinge können artspezifische Lockstoffe über große Distanzen wahrnehmen und finden so selbst in völliger Dunkelheit zuverlässig zueinander. Obwohl Umweltfaktoren wie Wind oder Regen Duftspuren verändern können, erneuern die Tiere diese Signale kontinuierlich. Auf diese Weise entsteht ein dauerhaftes, unsichtbares Kommunikationssystem, das das Überleben ganzer Arten sichert.

Beim Menschen ist die Rolle von Pheromonen deutlich komplexer. Zwar gibt es keine eindeutig nachgewiesenen menschlichen Pheromone im klassischen Sinn, doch Gerüche beeinflussen dennoch unbewusst, wie wir andere wahrnehmen. Körpergerüche können Sympathie, Vertrauen oder Ablehnung mitprägen, da der Geruchssinn direkt mit emotionalen Zentren im Gehirn verbunden ist. Diese chemischen Eindrücke wirken oft, ohne dass wir sie bewusst registrieren. In der Tierpflege werden diese Erkenntnisse gezielt genutzt. Synthetisch hergestellte Duftstoffe, die natürlichen Pheromonen nachempfunden sind, helfen beispielsweise dabei, Stress bei Katzen oder Hunden zu reduzieren. Bestimmte Gesichtsdüfte von Katzen lassen sich im Labor nachbilden und vermitteln Tieren ein Gefühl von Sicherheit in ungewohnter Umgebung.

RHYTHMISCHES KALEIDOSKOP

Die Belousov-Zhabotinsky-Reaktion ist ein faszinierendes Beispiel für chemische Vorgänge, die sich ständig wiederholen. Boris Belousov entdeckte dieses Phänomen in den 1950er Jahren, als er mit speziellen Säuren und Salzen experimentierte. Anfangs glaubten andere Wissenschaftler ihm nicht, weil die Reaktion scheinbar gegen die festen Gesetze der Natur verstieß. In einer flachen Schale bilden sich wunderschöne, kreisförmige Ringe aus, die wie Wellen durch die Flüssigkeit wandern. Diese Ringe bewegen sich gleichmäßig vorwärts und können Hindernisse einfach umfließen, ohne ihre Form zu verlieren. Wie von Geisterhand entstehen aus einer ruhigen Flüssigkeit immer neue, bunte Muster, die sich rhythmisch verändern. Man hat das Gefühl, einer chemischen Uhr beim Ticken zuzusehen.

Durch einen speziellen Farbstoff wird der Wechsel zwischen den Zuständen durch einen dramatischen Umschlag von Rot zu Blau sichtbar. Dieses Hin und Her entsteht durch eine Art inneren Regelkreis, bei dem die Stoffe ihre eigene Entstehung abwechselnd ankurbeln und wieder stoppen. Ein großer Schritt war die mathematische Beschreibung dieser Abläufe, mit der man heute erklären kann, wie sich Dinge von selbst ordnen. In der Natur finden sich verblüffend ähnliche Muster bei den Mustern auf Muschelschalen oder bei der Fortbewegung von Schleimpilzen.

Die Erforschung dieser Vorgänge hilft uns dabei, Computer zu entwickeln, die Informationen mit chemischen Wellen statt mit Strom verarbeiten. Die Geschwindigkeit, mit der die Farben wechseln, lässt sich durch die Wärme oder die Menge der Zutaten exakt steuern. Jedes Pulsieren verbraucht Energie, bis die Reaktion irgendwann ihr Ziel erreicht und zur Ruhe kommt. Die Wellen zeigen uns, wie Rhythmen und feste Strukturen ganz ohne Steuerung von außen völlig von selbst entstehen können.

GEBÄNDIGTE NATURGEWALTEN

Explosivstoffe haben die Entwicklung der Menschheit vorangetrieben, indem sie gewaltige Energiemengen schlagartig freisetzen. Das im antiken China entdeckte Schwarzpulver besteht aus Salpeter, Schwefel und Holzkohle und war der erste Versuch, Feuer für technische Zwecke zu bändigen. Bei der Zündung entstehen Gase so schnell, dass sie sich innerhalb von Millisekunden ausdehnen und einen enormen Druck aufbauen. Diese Entdeckung ermöglichte es, Tunnel durch massives Gestein zu treiben und den Bergbau zu modernisieren. In der Pfanne oder im Bohrloch sorgt die schnelle chemische Reaktion dafür, dass harte Materie einfach nachgibt.

Moderne Hochleistungssprengstoffe wie TNT sind viel kraftvoller und gleichzeitig sicherer als die Mischungen von früher. TNT ist so stabil, dass es selbst bei direkter Hitze oder harten Stößen nicht einfach explodiert. Damit es knallt, braucht man eine gezielte kleine Zündung, die die große Explosion erst auslöst. Diese Stabilität erlaubt es, gefährliche Arbeiten im Bauwesen oder Abriss mit hoher Präzision durchzuführen.

In der Raumfahrt leisten Sprengstoffe ebenfalls erstaunliche Dienste, indem sie zum Beispiel Raketenstufen auf die Mikrosekunde genau voneinander trennen. Die speziellen Treibstoffe erzeugen einen gewaltigen Schub, der schwere Lasten bis ins Weltall befördert. Eine spannende Entwicklung sind Sprengstoffe, die fast nur aus Stickstoff bestehen und bei der Explosion keine giftigen Dämpfe, sondern nur harmlose Luft hinterlassen. Diese saubere Chemie schont die Umwelt und macht Sprengungen in bewohnten Gebieten sicherer. Heutzutage können Experten mit diesen Kräften sogar riesige Hochhäuser in engen Innenstädten kontrolliert in sich zusammenfallen lassen. Ohne diese punktgenaue Energiefreisetzung wäre unsere moderne Infrastruktur kaum denkbar.

VERBORGENE SCHRIFTEN

Unsichtbare Tinten nutzen einfache chemische Tricks, um Informationen vor neugierigen Blicken zu verstecken und sie erst bei Bedarf zu zeigen. Eine klassische Methode funktioniert mit Zitronensaft: Die darin enthaltenen Stoffe verfärben sich bei Hitze braun und machen die Schrift sichtbar. Die Säure greift die Papierfasern leicht an, weshalb diese Stellen schneller verbrennen als das restliche Papier, wenn man eine Kerze oder ein Bügeleisen darunter hält. Hinter jedem weißen Blatt Papier kann sich also eine brisante Nachricht verbergen, die nur darauf wartet, geweckt zu werden. Diese alte Technik zeigt, wie effektiv Chemie schon vor tausenden von Jahren als Werkzeug der Spionage diente.

Modernere Verfahren nutzen Stoffe, die ihre Farbe ändern, wenn sich der Säuregehalt in ihrer Umgebung wandelt. Wenn man zum Beispiel mit einer farblosen Lauge schreibt, bleibt das Papier zunächst leer, bis man es mit einem speziellen Prüfmittel bestreicht, das die Schrift plötzlich in leuchtendem Pink erscheinen lässt.

Besonders wichtig für unsere heutige Sicherheit sind Tinten, die nur unter kurzwelligem UV-Licht hell aufleuchten. Diese Spezialfarben stecken in fast jedem Geldschein und Ausweis, damit Fälscher keine Chance haben, da sie im normalen Sonnenlicht völlig unsichtbar bleiben. So lässt sich echtes Geld mit einer einfachen UV-Lampe sofort von einer Kopie unterscheiden.

In der Verbrecherjagd helfen heute spezielle Mittel dabei, Fingerabdrücke sichtbar zu machen, indem sie auf die Eiweißbausteine unserer Haut reagieren. Auch in der Industrie werden unsichtbare Codes genutzt, um teure Luxuswaren zu markieren und so vor Plagiaten zu schützen. Selbst winzigste Spuren, die für uns wie ein sauberer Fleck wirken, enthalten oft eine Fülle an Informationen für Experten.

MATERIE AUS DEM NICHTS

Der 3D-Druck hat die moderne Fertigung revolutioniert, indem er komplexe Objekte schichtweise aus flüssigen oder pulverförmigen Ausgangsstoffen aufbaut. Ein zentrales Element dieser Technik sind thermoplastische Kunststoffe wie PLA, die bei präzisen Temperaturen schmelzen und beim Abkühlen sofort ihre Form stabilisieren. Die Festigkeit des fertigen Bauteils hängt maßgeblich von der molekularen Vernetzung zwischen den einzelnen Schichten ab. Diese Methode erlaubt es, hochkomplexe Geometrien zu realisieren, die mit herkömmlichen Gussverfahren technisch unmöglich oder extrem teuer wären.

In der Stereolithographie härtet flüssiges Photopolymer-Harz unter gezielter UV-Bestrahlung innerhalb von Sekundenbruchteilen aus. Dieser Prozess der Photopolymerisation ermöglicht eine Detailgenauigkeit im Mikrometerbereich, was besonders für zahnmedizinische Prototypen oder filigranen Schmuck von Bedeutung ist. Ein technologischer Meilenstein ist zudem der Metalldruck, bei dem Hochleistungslaser feine Metallpulver zu massiven Bauteilen verschmelzen. Diese Werkstoffe müssen extrem rein sein, um Einschlüsse oder strukturelle Schwachstellen im Inneren des Materials zu vermeiden.

Die Medizin nutzt bereits spezielle Bio-Tinten aus lebenden Zellen und schützenden Hydrogelen, um komplexe Gewebestrukturen künstlich zu erzeugen. Forscher arbeiten daran, funktionale Organe zu drucken, die exakt auf die Anatomie des jeweiligen Patienten zugeschnitten sind. In der Luftfahrt reduzieren gedruckte Bauteile aus Titan das Gesamtgewicht von Triebwerken erheblich, ohne dabei an Stabilität zu verlieren. Die präzise Kontrolle der chemischen Materialeigenschaften sorgt dafür, dass die gedruckten Objekte selbst unter extremsten mechanischen Belastungen oder hohen Temperaturen zuverlässig bestehen bleiben.

PRICKELNDES ERLEBNIS

Sekt, Champagner und andere Schaumweine verdanken ihr Prickeln dem gelösten Kohlendioxid, das in der Flasche gefangen ist. Während der Gärung verwandelt Hefe den Zucker in Alkohol und Gas, das wegen des hohen Drucks vollständig in der Flüssigkeit bleiben muss. Dieser Zustand hält so lange an, bis der Korken knallt und der Druck schlagartig entweicht. Erst in diesem Moment wird das Gleichgewicht gestört und das unsichtbare Gas möchte sofort aus der Lösung heraus. In einer einzigen Flasche Champagner warten etwa fünf Liter Gas darauf, sich in Millionen winziger Perlen zu verwandeln. Sobald der Korken mit hoher Geschwindigkeit davonfliegt, beginnt ein Wettlauf der Gasteilchen zurück an die Freiheit.

Sobald die Flasche offen ist, bilden sich die typischen aufsteigenden Blasen. Diese winzigen Gasperlen transportieren die feinen Aromen direkt an die Oberfläche und sorgen für das angenehme Kribbeln auf der Zunge. Wie dieser Vorgang abläuft, hängt stark von der Temperatur ab: Ein kühles Getränk kann das Gas viel besser halten, was zu feineren Bläschen führt, die länger anhalten. Ein warmer Sekt hingegen verliert seine Spritzigkeit viel schneller an die Umgebungsluft.

Zusätzlich helfen kleinste Unebenheiten oder Staubkörner im Glas dabei, dass die Blasen überhaupt entstehen können. An diesen Stellen sammeln sich die Gas-Teilchen, bis sie groß genug sind, um als sichtbare Perlen nach oben zu steigen. Viele hochwertige Gläser haben am Boden extra kleine, raue Punkte, die für ein gleichmäßiges und schönes Aufsteigen der Blasen sorgen. Ohne diese mikroskopischen Hilfen würde das Gas viel langsamer und fast unbemerkt aus dem Glas entweichen. Diese künstlichen Punkte im Glas wirken wie kleine Startrampen für ein ununterbrochenes Feuerwerk aus aufsteigenden Perlen.

RIESIGER SCHAUMSCHOCK

Das Experiment der sogenannten »Elefantenzahnpasta« zeigt eindrucksvoll, wie man einen Stoff blitzschnell in seine Einzelteile zerlegen kann. Dabei wird Wasserstoffperoxid (H_2O_2) mithilfe eines speziellen Helfers – dem Kaliumiodid – extrem beschleunigt gespalten. Dieser Helfer wirkt wie ein Turbo und sorgt dafür, dass in Sekunden riesige Mengen an Sauerstoff-Gas und Wasser entstehen. Damit das Gas nicht einfach verpufft, mischt man gewöhnliches Spülmittel unter.

Die Seife fängt den Sauerstoff sofort ein und bildet Milliarden kleiner Bläschen, die sich rasant ausdehnen. Diese winzigen Sauerstoff-Kammern stabilisieren den Schaum so stark, dass er noch minutenlang wie ein massives Gebirge auf dem Labortisch stehen bleibt. Durch die schlagartige Ausdehnung wirkt der Schaum fast so, als hätte er ein Eigenleben.

Sobald der chemische Turbo zur Mischung gegeben wird, schießt eine gewaltige Schaumsäule aus dem Gefäß. Da das Ganze so schnell passiert, entsteht ein enormer Druck, der den Schaum wie einen riesigen Strang Zahnpasta nach oben presst. Dabei wird es im Inneren der Mischung richtig heiß, da bei dieser Reaktion viel Energie frei wird. Das Tolle an dem chemischen Helfer ist, dass er die Reaktion zwar extrem antreibt, sich selbst dabei aber gar nicht verbraucht. Man kann die Hitze am Gefäß sogar deutlich spüren, während der Schaum immer weiter wächst.

In der Schule wird dieser Versuch oft genutzt, um zu zeigen, wie Beschleuniger in der Chemie funktionieren. Er macht unsichtbare Gase und theoretische Regeln sofort mit bloßem Auge sichtbar. Jede Blase in diesem riesigen Berg ist ein Beweis dafür, wie kraftvoll eine chemische Verwandlung sein kann.

MAGIE DER KRISTALLE

Die Züchtung von Kristallen basiert auf der kontrollierten Ausfällung gelöster Stoffe aus einer übersättigten Lösung. Durch das Auflösen von Feststoffen wie Salz oder Zucker in warmem Wasser und das anschließende Abkühlen verringert sich die Löslichkeit, wodurch die überschüssigen Moleküle geordnete Gitterstrukturen ausbilden. Dieser Prozess der Keimbildung markiert den Übergang von einer ungeordneten flüssigen Phase in einen hochstrukturierten Festkörper. Erst durch die langsame Verdunstung des Lösungsmittels oder eine stetige Temperaturabsenkung wird ein gleichmäßiges Schichtwachstum der Kristallflächen ermöglicht.

Zuckerkristalle lassen sich durch ein ähnliches Verfahren gewinnen, indem ein mit Kristallisationskeimen präparierter Stab in eine hochkonzentrierte Lösung getaucht wird. Mit zunehmender Zeit lagern sich weitere Moleküle an den vorhandenen Keimen an, was zu einem stetigen Wachstum der kristallinen Masse führt. Die entstehenden geometrischen Formen spiegeln dabei direkt die zugrunde liegende Symmetrie der molekularen Anordnung wider. Dabei bestimmt die Reinheit der Ausgangslösung maßgeblich die Klarheit und Perfektion der resultierenden Kristallgeometrie.

Neben haushaltsüblichen Substanzen ermöglichen Chemikalien wie Alaun oder Kupfersulfat die Erzeugung farbenprächtiger und morphologisch vielfältiger Strukturen. Die präzise Aneinanderreihung der Ionen oder Moleküle verdeutlicht die grundlegenden Naturgesetze der Thermodynamik und Festkörperchemie. Jeder so entstandene Kristall fungiert als makroskopisches Abbild einer mikroskopisch exakten Ordnung. Die spezifische Farbe und Form hängen dabei untrennbar mit den chemischen Bindungsverhältnissen innerhalb des jeweiligen Gitters zusammen.

MODIFIKATIONEN DES KOHLENSTOFFS

Kohlenstoff zeichnet sich durch eine außergewöhnliche strukturelle Vielfalt aus, die weit über die klassischen Modifikationen Diamant und Graphit hinausgeht. Zu den technisch relevantesten Strukturen zählen die Fullerene, bei denen Kohlenstoffatome geschlossene Hohlkörper wie Kugeln oder Ellipsoide bilden. Das prominente Buckminster-Fullerene (C_{60}) besteht aus 60 Atomen in einer hochsymmetrischen Ikosaeder-Konfiguration, die einem Fußball ähnelt. Diese molekularen Käfige eröffnen aufgrund ihrer chemischen Stabilität innovative Möglichkeiten in der Pharmakologie und Materialforschung.

Graphen stellt als zweidimensionales Allotrop eine weitere signifikante Form dar, bei der die Atome in einer einlagigen Bienenwabenstruktur angeordnet sind. Dieses Material weist eine extreme mechanische Belastbarkeit bei gleichzeitiger Transparenz und überragender elektrischer Leitfähigkeit auf. Seine Entdeckung markierte den Beginn einer neuen Ära in der Nanotechnologie und ermöglicht die Entwicklung hocheffizienter, flexibler elektronischer Bauteile. Durch die atomare Dicke der Schichten lassen sich physikalische Effekte nutzen, die in dreidimensionalen Festkörpern nicht auftreten.

Zylindrisch aufgerollte Graphenlagen bilden die Gruppe der Kohlenstoffnanoröhren (CNTs), die je nach Struktur ein- oder mehrwandig vorliegen können. Diese Nanostrukturen besitzen außergewöhnliche Zugfestigkeiten und können je nach Windungsgrad entweder metallische oder halbleitende Eigenschaften annehmen. Ihr Einsatzspektrum erstreckt sich von der Verstärkung von Verbundwerkstoffen bis hin zu neuartigen Komponenten in der Mikroelektronik. Aufgrund ihres extremen Aspektverhältnisses dienen sie zudem als ideale Leiterbahnen auf molekularer Ebene.

BUNTE LEBENSMITTEL

In der Lebensmittelindustrie werden Farbstoffe gezielt eingesetzt, um die visuelle Akzeptanz von Produkten zu steigern und Frische sowie Geschmackserwartungen zu unterstützen. Das Spektrum umfasst natürliche Pigmente wie Beta-Carotin aus Karotten, Chlorophyll aus grünen Pflanzen oder Betanin aus der Roten Bete. Diese sekundären Pflanzenstoffe bieten neben der rein optischen Aufwertung oft zusätzliche antioxidative Eigenschaften für den Organismus. Die Stabilität dieser natürlichen Extrakte reagiert jedoch empfindlich auf äußere Einflüsse wie Lichtintensität oder pH-Wert-Schwankungen während des Produktionsprozesses.

Synthetische Farbstoffe bieten im Gegensatz dazu eine deutlich höhere Farbkraft sowie eine ausgeprägte thermische und chemische Beständigkeit. Substanzen wie Tartrazin oder Allurarot ermöglichen eine präzise Farbregulierung bei vergleichsweise geringen Produktionskosten und hoher Lagerstabilität. Da einige dieser künstlichen Verbindungen mit Unverträglichkeiten in Verbindung gebracht werden, unterliegen sie strengen toxikologischen Prüfverfahren und Kennzeichnungspflichten. Moderne Herstellungsverfahren zielen darauf ab, das Risiko allergischer Reaktionen durch verbesserte Reinheitsgrade der synthetisierten Moleküle zu minimieren.

Die Auswahl des geeigneten Farbsystems erfordert eine detaillierte Analyse der Wechselwirkungen zwischen Farbstoff und Lebensmittelmatrix. Faktoren wie die Fettlöslichkeit, der Wassergehalt und die angestrebte Haltbarkeit bestimmen maßgeblich, welche Pigmente für das jeweilige Endprodukt technisch geeignet sind. Technologische Fortschritte in der Mikroverkapselung ermöglichen es heute zudem, empfindliche Pigmente vor vorzeitiger Oxidation zu schützen und ihre Freisetzung zu steuern.

FEUCHTIGKEIT UND AUS DER TUBE

Moderne Cremes nutzen spezielle Inhaltsstoffe wie Glycerin oder Hyaluronsäure, um die Haut feucht zu halten. Diese Stoffe wirken wie winzige Magnete, die Wasser anziehen und in den oberen Hautschichten festhalten, damit die Oberfläche glatt und geschmeidig bleibt. Durch diese Wasserbindung wird die natürliche Schutzhülle der Haut gestärkt, sodass sie weniger Feuchtigkeit an die Umgebung verliert. So bleibt das Gesicht auch bei trockener Heizungsluft gut versorgt.

Um die Haut vor Umweltschäden zu bewahren, werden Vitamine als Schutzstoffe beigemischt. Diese neutralisieren schädliche Teilchen aus der Luft, bevor sie die Zellen angreifen können. Den wichtigsten Schutz gegen die Sonne bieten UV-Filter: Während mineralische Stoffe wie Zink das Licht wie kleine Spiegel einfach zurückwerfen, saugen organische Filter die Strahlen auf und verwandeln sie in harmlose Wärme. Gemeinsam verhindern sie, dass die Sonne die Haut vorzeitig altern lässt. Dabei ergänzen sich die verschiedenen Filtertypen so gut, dass sie selbst aggressive Strahlenkombinationen zuverlässig abwehren können.

Besondere Wirkstoffe sorgen zudem dafür, dass sich die Haut schneller erneuert und die Produktion von festigenden Stoffen angekurbelt wird. Diese Beschleunigung hilft dabei, die Spannkraft zu erhalten und das Hautbild insgesamt ebenmäßiger wirken zu lassen. Damit diese Mischungen lange halten und nicht schlecht werden, verhindern sichere Konservierungsstoffe das Wachstum von Keimen in der Dose. So bleibt die Pflege über Monate frisch und wirksam. Jedes Auftragen einer Creme ist somit eine gezielte Versorgung der Zellen mit genau den Bausteinen, die sie für Schutz und Regeneration benötigen. Erst durch das perfekte Zusammenspiel dieser flüssigen Bausteine entfaltet die Kosmetik ihre volle Wirkung auf unser Wohlbefinden.

PROZESSE DER KRUSTENDYNAMIK

Die Erdkruste setzt sich primär aus Silizium, Sauerstoff und Metallen wie Aluminium, Eisen sowie Magnesium zusammen, die die Grundlage der terrestrischen Materie bilden. Diese Elemente organisieren sich in spezifischen Gittern zu Mineralen wie Quarz oder Feldspat, welche wiederum die Gefüge der unterschiedlichen Gesteinsarten definieren. Durch geodynamische Zyklen wie Verwitterung und Metamorphose unterliegen diese Formationen einer permanenten stofflichen Umwandlung. Diese kontinuierliche Reorganisation sorgt für eine stetige Erneuerung der mineralischen Oberflächenstrukturen unseres Planeten.

Ein zentraler Mechanismus dieses Systems ist die Plattentektonik, deren Aktivität den Austausch zwischen dem Erdmantel und der Oberfläche steuert. Vulkanismus befördert dabei Gase wie Kohlendioxid und Schwefeldioxid in die Atmosphäre, was langfristig die klimatischen Bedingungen und die atmosphärische Zusammensetzung prägt. Hydrothermale Zirkulationen führen zudem zur Anreicherung wertvoller Metalle in Erzlagerstätten, die durch Ausfällung aus hochtemperierten wässrigen Lösungen entstehen. Solche mineralischen Konzentrationen sind das Resultat komplexer Gradienten im Untergrund.

In der Umweltanalytik ermöglicht die Untersuchung von Boden- und Wasserproben eine präzise Rekonstruktion stofflicher Belastungen und natürlicher Elementkonzentrationen. Die Identifikation spezifischer Isotope und Verbindungen dient dabei als Indikator für anthropogene Einflüsse oder geogene Hintergrundwerte. Durch diese molekulare Überwachung lassen sich ökologische Veränderungen frühzeitig erfassen und gezielte Schutzmaßnahmen für bedrohte Ökosysteme ableiten. Erst die Verknüpfung von Feldstudien und Labordaten erlaubt ein ganzheitliches Verständnis der globalen Stoffströme.

BRENNENDES WASSER

Obwohl Wasser als klassisches Löschmittel fungiert, kann es in Kontakt mit spezifischen Substanzen heftige Reaktionen provozieren, die den Eindruck brennender Flüssigkeit erzeugen. Besonders signifikant ist die Interaktion mit hochreaktiven Alkalimetallen wie Natrium oder Kalium, die aufgrund ihrer physikalischen Eigenschaften sofort mit den Wassermolekülen interagieren.

Diese Prozesse verlaufen stark exotherm und führen zu einer rasanten Temperaturerhöhung des umgebenden Mediums. Durch die hohe Reaktivität dieser Metalle wird die molekulare Bindung des Wassers aufgebrochen, wodurch die Grundlage für eine gefährliche Gasentwicklung entsteht.

Bei dieser Umsetzung entstehen Metallhydroxide und elementarer Wasserstoff, der als hochgradig entzündliches Gas unmittelbar in die Umgebung entweicht. Die freigesetzte Reaktionswärme reicht in der Regel aus, um das Gas spontan zu entzünden, was die charakteristischen Flammenerscheinungen direkt auf der Wasseroberfläche erklärt. Es verbrennt somit nicht die Flüssigkeit selbst, sondern das gasförmige Nebenprodukt dieser spezifischen Reaktion. In engen Gefäßen kann dieser schnelle Druckaufbau durch die plötzliche Gasbildung zudem zu heftigen Verpuffungen führen.

Noch extremere Effekte zeigen sich bei der Einwirkung starker Oxidationsmittel wie Chlortrifluorid oder Fluor, welche Wasser selbst ohne externe Zündquelle zur heftigen Reaktion zwingen. Diese Substanzen sind derart reaktiv, dass sie das Wasser unmittelbar zersetzen und dabei explosive Gemische bilden. Solche Vorgänge verdeutlichen, dass die vermeintliche Beständigkeit von Wasser gegenüber Feuer nur unter normalen Bedingungen und in Abwesenheit extremer Reaktionspartner gilt.

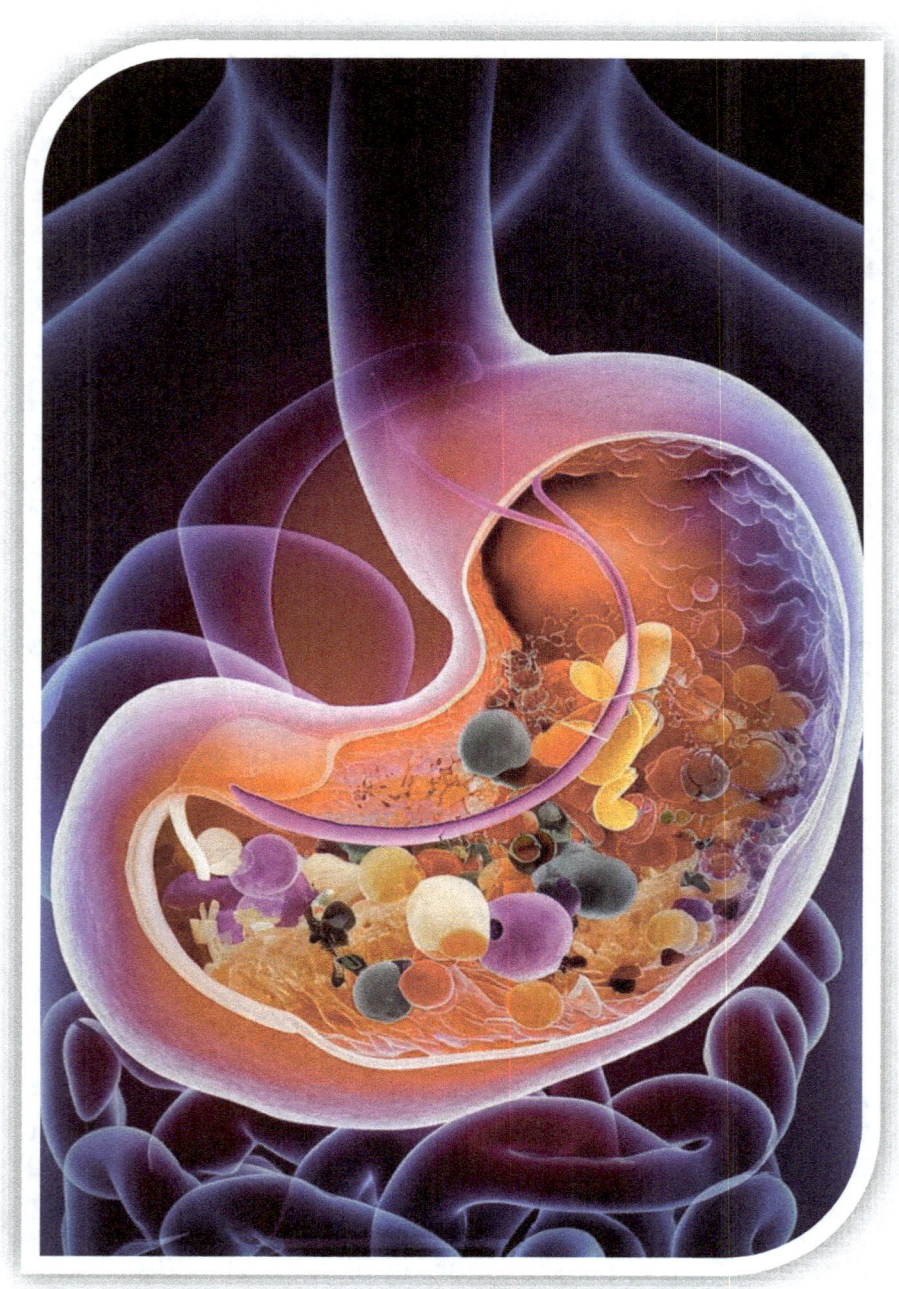

EFFIZIENTE NÄHRSTOFFGEWINNUNG

Die Verdauung ist ein echtes Hochgeschwindigkeits-Labor, das schon im Mund startet. Sobald wir zubeißen, wird die Nahrung nicht nur zerkleinert, sondern erste chemische Helfer im Speichel beginnen sofort damit, Stärke in Zucker zu verwandeln. Danach rutscht der Brei in den Magen, wo eine extrem starke Säure wartet. Diese Säure ist so aggressiv, dass sie Fleisch und Eiweiße weich macht und nebenbei gefährliche Bakterien abtötet. Das Enzym Pepsin schneidet dort die langen Eiweißketten in handliche Stücke.

Im Dünndarm findet dann die wichtigste Arbeit statt: Hier treffen Säfte aus der Bauchspeicheldrüse und der Galle ein, um Fette und Resteiweiße endgültig zu zerlegen. Die Galle wirkt dabei wie ein Spülmittel, das Fettklumpen in winzige Tröpfchen auflöst, damit die Enzyme sie besser angreifen können. Durch diesen Trick wird das Fett so klein gearbeitet, dass der Körper es fast vollständig aufnehmen kann. Erst diese feine Zerlegung macht aus einer schweren Mahlzeit wertvolle Energie für unsere Muskeln.

Es ist ein faszinierendes Schauspiel, wie ein festes Steak innerhalb weniger Stunden in einen flüssigen Strom aus lebenswichtigen Molekülen verwandelt wird.

Zum Schluss übernehmen spezialisierte Helfer an der Darmwand die letzte Feinarbeit und verwandeln alles in einfache Bausteine wie Glukose. Diese Endprodukte schlüpfen durch die Darmwand direkt in unser Blut und werden so zu Treibstoff für jede einzelne Zelle. Die riesige Oberfläche des Dünndarms sorgt dafür, dass kein wertvoller Nährstoff verloren geht. Dieses perfekt abgestimmte System garantiert, dass unser Körper rund um die Uhr mit allem versorgt wird, was er zum Überleben braucht. Die Verdauung ist somit eine logistische Meisterleistung der Natur auf engstem Raum.

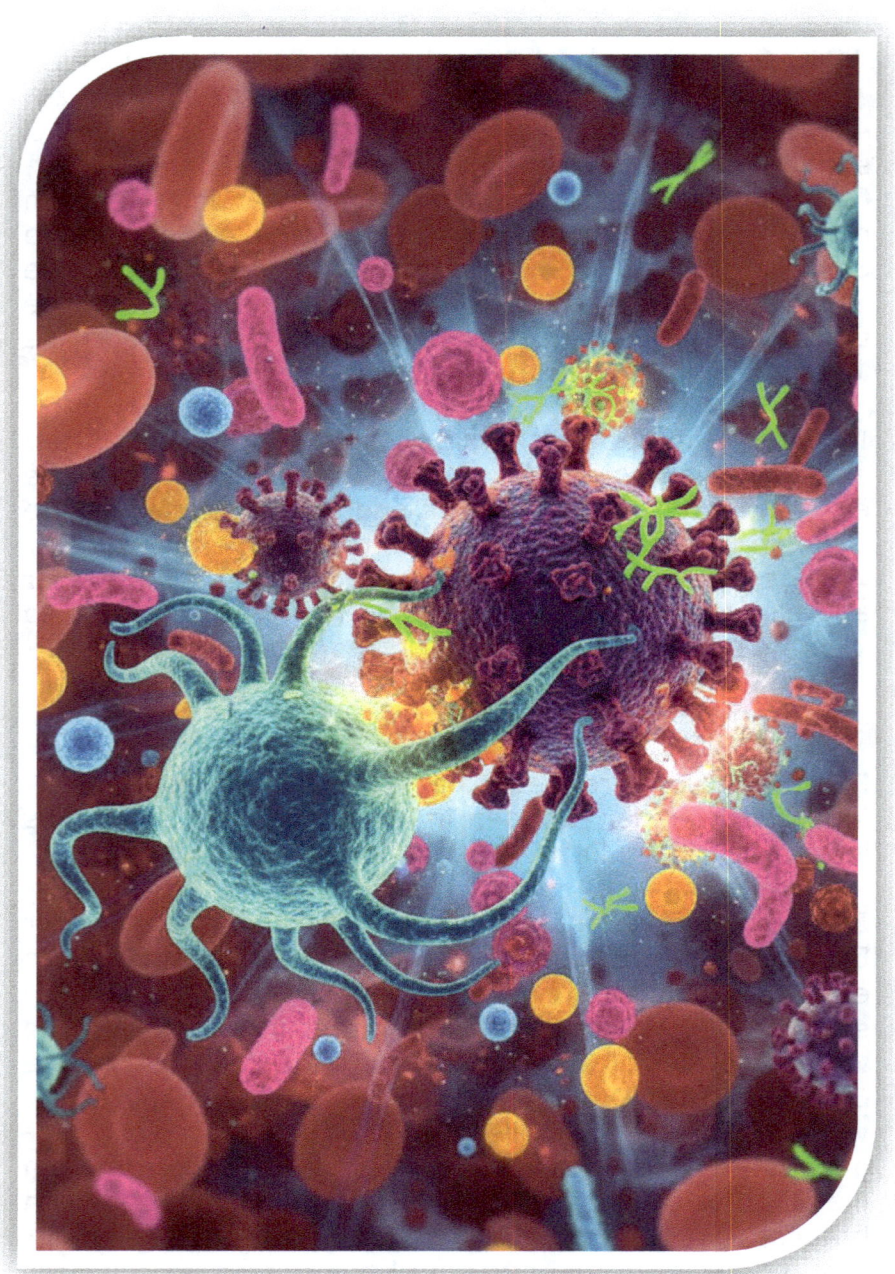

SCHUTZ DES ORGANISMUS

Unser Immunsystem agiert als komplexes Netzwerk, das den Körper durch spezialisierte Barrieren und molekulare Abwehrstrategien vor Pathogenen schützt. Die primäre Verteidigung erfolgt über physikalische Grenzen wie Haut und Schleimhäute, die das Eindringen von Bakterien oder Viren unterbinden. Sobald diese Barrieren durchbrochen werden, initiiert das angeborene Immunsystem eine unmittelbare Reaktion. Dieser erste Abwehrschritt ist entscheidend, um die Ausbreitung von Infektionen in den ersten Stunden zu verlangsamen. Ein Anstieg der Körpertemperatur optimiert zusätzlich die Beweglichkeit der Immunzellen im Gewebe.

Das angeborene System mobilisiert weiße Blutkörperchen wie Makrophagen, welche Erreger umschließen und auflösen. Diese Zellen emittieren Signalstoffe wie Zytokine, um weitere Einheiten der Immunabwehr an den Entzündungsherd zu dirigieren. Parallel dazu greifen Komplementproteine die Zellwände von Bakterien direkt an, indem sie deren strukturelle Integrität durch Porenbildung zerstören. Einige dieser Proteine markieren die Eindringlinge zusätzlich wie mit einem Leuchtfeuer, damit sie von den Fresszellen noch schneller identifiziert werden können. Winzige Eiweißbrücken reißen dabei die Schutzhülle der Eindringlinge regelrecht in Stücke.

Die adaptive Immunantwort hingegen agiert hochspezifisch durch den Einsatz von Lymphozyten, die individuelle Antigene identifizieren. B-Zellen sezernieren maßgeschneiderte Antikörper, welche Erreger neutralisieren oder für den Abbau durch andere Zellen markieren. Ein wesentlicher Vorteil dieses Systems ist das immunologische Gedächtnis, das bei einer Zweitinfektion eine sofortige Reaktion ermöglicht. In diesem Zustand wird eine erneute Erkrankung oft verhindert, noch bevor erste Symptome spürbar sind.

MECHANISMEN DER GÄRUNGSKUNST

Hefe fungiert als lebendiger Organismus, der eine entscheidende Funktion bei der Texturbildung von Backwaren übernimmt. Diese einzelligen Pilze verstoffwechseln die im Mehl enthaltenen Kohlenhydrate und wandeln sie in einem biologischen Prozess in Energie um. Während dieser Gärung entstehen als Nebenprodukte Kohlendioxid und Ethanol, die maßgeblich die Struktur des Endprodukts beeinflussen. Durch die Freisetzung dieser Gase beginnt das Teiggefüge, sich kontinuierlich auszudehnen. Ein Gramm Hefe enthält Milliarden dieser winzigen biologischen Kraftwerke. Diese Mikroorganismen benötigen für ihre Arbeit lediglich Feuchtigkeit und Wärme.

Das freigesetzte Kohlendioxid bildet innerhalb des elastischen Klebernetzes winzige Gastaschen, die den Teig kontrolliert aufblähen und ihm seine lockere Konsistenz verleihen. Der während der Fermentation gebildete Alkohol sowie diverse organische Verbindungen tragen wesentlich zum komplexen Aromaprofil des frisch gebackenen Brotes bei. Da der Alkohol bei den hohen Temperaturen im Ofen vollständig verdampft, verbleiben lediglich die aromatischen Komponenter im fertigen Laib. Die Gasblasen stabilisieren sich beim Backvorgang und bilden die charakteristische Krume. Das Brot erhält so seine typische Form.

Die Effizienz dieses Prozesses wird maßgeblich durch die Umgebungstemperatur gesteuert, da die Stoffwechselrate der Hefezellen in einem warmen Milieu ihr Optimum erreicht. Zu hohe Temperaturen führen zur Inaktivierung der Mikroorganismen, während Salz als Regulator dient, um eine zu rasche Gasbildung zu verhindern.

Erst das präzise Zusammenspiel dieser Faktoren ermöglicht eine gleichmäßige Porigkeit und die gewünschte Volumenzunahme.

ENERGIEREICHE METALLREDUKTION

Die Thermit-Reaktion stellt eine der kraftvollsten Interaktionen zwischen Aluminium und Eisenoxid dar. In diesem Prozess fungiert das Aluminium als starkes Reduktionsmittel, das dem Eisenoxid den Sauerstoff entzieht und dabei eine enorme thermische Energie freisetzt. Diese Reaktion basiert auf der hohen Affinität von Aluminium zu Sauerstoff, was zu einer spontanen und heftigen Umwandlung führt. Sobald die Aktivierungsenergie erreicht ist, unterhält sich der Prozess durch die eigene Hitzeentwicklung von selbst.

Wird die Reaktion durch eine intensive Wärmequelle gestartet, wandelt sich das Gemisch in flüssiges Eisen und Aluminiumoxid um, wobei Temperaturen von über 2.500 °C entstehen. Diese Hitze liegt weit über dem Schmelzpunkt von Eisen, weshalb das Metall in glühend flüssiger Form aus der Reaktionszone austritt. Die spektakuläre Lichtentwicklung und der Funkenflug sind charakteristische Merkmale dieses extrem schnellen Stoffwechsels. Durch die enorme Energiedichte können selbst massive Metallstrukturen innerhalb von Sekunden aufgeschmolzen werden.

In der Technik findet dieses Verfahren vor allem beim Verschweißen von Eisenbahnschienen Anwendung, um lückenlose und hochbelastbare Verbindungen zu schaffen. Das entstehende flüssige Eisen fließt direkt in die Verbindungsstelle und erstarrt dort zu einer homogenen Masse, die höchsten mechanischen Beanspruchungen standhält. Diese Methode ist aufgrund ihrer Unabhängigkeit von externen Stromquellen besonders für Arbeiten an entlegenen Gleisabschnitten prädestiniert. Trotz der einfachen Handhabung erfordert die enorme thermische Strahlung strikte Sicherheitsvorkehrungen zum Schutz von Mensch und Material. Das Verfahren demonstriert eindrucksvoll, wie in Materie gespeicherte Energie gezielt für industrielle Zwecke mobilisiert werden kann.

SCHUTZ VOR SONNENBRAND

Sonnencreme bewahrt unsere Haut vor den schädlichen Auswirkungen der UV-Strahlung durch eine Kombination aus Absorption und Reflexion. Diese Strahlen sind energiereiche elektromagnetische Wellen der Sonne, die in UV-A- und UV-B-Anteile unterteilt werden. Da sie tief in die Gewebeschichten eindringen, können sie die Zellstruktur massiv schädigen, was vorzeitige Alterungsprozesse oder Zellveränderungen auslöst. Ein wirksamer Schutzfilm minimiert dieses Risiko, indem er die Strahlenbelastung der Epidermis drastisch reduziert. Eine rechtzeitige Anwendung verhindert zudem die schmerzhafte Entzündungsreaktion eines Sonnenbrandes.

Hauptbestandteile von Sonnenschutzmitteln sind UV-Filter, die in organische und mineralische Kategorien unterteilt werden. Organische Komponenten absorbieren die Strahlungsenergie und wandeln sie in harmlose Wärme um, die unbemerkt über die Hautoberfläche abgegeben wird. Mineralische Partikel wie Titandioxid agieren hingegen wie winzige Spiegel, welche die einfallenden Strahlen direkt von der Haut weg reflektieren. Diese unterschiedlichen Mechanismen arbeiten zusammen, um ein breites Spektrum gefährlicher Wellenlängen effektiv abzudecken. Durch die feine Verteilung der Partikel entsteht ein unsichtbarer, aber lückenloser Schutzwall auf der Haut.

Zusätzlich zur Filterfunktion enthalten moderne Formulierungen pflegende Inhaltsstoffe, welche die Feuchtigkeitsbarriere der Haut stabilisieren. Die Produkte sind in verschiedenen Varianten verfügbar, wobei wasserfeste Mischungen besonders bei sportlicher Aktivität oder beim Aufenthalt im Wasser einen dauerhaften Erhalt des Schutzfilms garantieren. Eine regelmäßige Erneuerung der Schicht ist dabei unerlässlich, um die Schutzwirkung über den gesamten Tag hinweg aufrechtzuerhalten.

LICHTENERGIE NUTZEN

Die Interaktion zwischen Licht und Materie ermöglicht fundamentale Prozesse, die Strahlungsenergie in stofflich gebundene Energie überführen. Ein prominentes Beispiel ist die Photosynthese, bei der Pflanzen Licht nutzen, um aus Kohlendioxid und Wasser energiereiche Glukose sowie Sauerstoff zu synthetisieren. Ermöglicht wird dies durch das Pigment Chlorophyll, das Lichtquanten absorbiert und deren Energie zur Spaltung von Wassermolekülen einsetzt. Durch diesen Prozess wird solare Energie erstmals in eine für Lebewesen nutzbare, stabile Form gebracht. Das gesamte System fungiert dabei wie ein hochpräziser biologischer Transformator.

Das Chlorophyll nimmt Licht im blauen und roten Spektralbereich auf und überträgt diese Energie auf Elektronen, die dadurch in einen angeregten Zustand versetzt werden. Diese energiereichen Teilchen treiben eine Kaskade von Reaktionen an, die zur Bildung von ATP und NADPH führen, den universellen Energiewährungen der Zelle. Diese Moleküle liefern die notwendige Kraft, um Kohlenstoffatome zu komplexen Zuckerketten zu verknüpfen. Ohne diese gezielte Elektronenbewegung bliebe die Energie des Sonnenlichts für den Organismus ungenutzt.

Ein technisches Pendant zu diesem Prinzip stellen Solarzellen dar, die Lichtenergie unmittelbar in elektrischen Strom umwandeln. In diesen Bauteilen kommen Halbleitermaterialien wie Silizium zum Einsatz, die bei Lichteinfall Elektronen aus ihren Bindungen lösen und so einen Ladungsfluss ermöglichen. Dieser sogenannte photovoltaische Effekt bildet die Basis für die moderne Gewinnung regenerativer Energie. Die Struktur der Halbleiter ist dabei so optimiert, dass die freigesetzten Ladungsträger gerichtet fließen und als nutzbarer Strom abgegriffen werden können. Damit ahmt die Technik im Grunde die hocheffizienten Energietransfer-Mechanismen nach, die die Natur über Jahrmillionen perfektioniert hat.

INNOVATIONEN FÜR MORGEN

Die kommenden Jahrzehnte versprechen bahnbrechende Innovationen, welche zahlreiche Lebensbereiche durch neue Syntheseverfahren grundlegend verändern werden. Ein zentrales Motiv ist dabei die Etablierung nachhaltiger und ökologisch verträglicher Produktionsprozesse. Dieser Wandel zielt darauf ab, Herstellungsverfahren so zu gestalten, dass der Einsatz schädlicher Substanzen minimiert und die Biosphäre geschont wird. Biobasierte Materialien und nachwachsende Rohstoffe gewinnen hierbei massiv an Bedeutung, da sie eine regenerative Alternative zu herkömmlichen, fossilen Ressourcen bieten.

Parallel dazu eröffnet die Nanotechnologie völlig neue Dimensionen, indem sie das Verhalten von Materie auf atomarer und molekularer Ebene steuerbar macht. Durch die gezielte Manipulation von Strukturen im Nanometerbereich entstehen Materialien mit völlig neuen physikalischen Eigenschaften für Medizin und Elektronik. Solche Nanostrukturen könnten die Basis für extrem leistungsfähige Batterien oder hocheffiziente Solarzellen der nächsten Generation bilden. In der Krebstherapie ermöglichen sie zudem den Transport von Wirkstoffen direkt in die betroffenen Zellen, ohne gesundes Gewebe zu belasten. Diese präzise Kontrolle über kleinste Bausteine markiert einen Wendepunkt in der modernen Werkstoffkunde.

Zusätzlich revolutionieren Künstliche Intelligenz und maschinelles Lernen die Art und Weise, wie neue Stoffe entdeckt werden. Durch die Analyse gigantischer Datenmengen können KI-Systeme das Ergebnis komplexer Reaktionen präzise vorhersagen und maßgeschneiderte Moleküle am Computer entwerfen. Dies beschleunigt die Entwicklung neuer Medikamente erheblich und reduziert die Anzahl notwendiger Laborversuche auf ein Minimum.

ZUM SCHMUNZELN

Ein Physiker und ein Chemiker sitzen nebeneinander im Flugzeug. Der Physiker wendet sich an den Chemiker und fragt ihn, ob er nicht Lust auf ein kleines Spiel hätte. Der Chemiker ist höflich, aber lehnt dankend ab. Er will eigentlich nur seine Ruhe haben und aus dem Fenster schauen, während die Triebwerke leise brummen. Doch der Physiker lässt nicht locker und versucht ihn mit der Aussicht auf einen schnellen Gewinn doch noch zu überzeugen.

Der Physiker erklärt: »Ich stelle Ihnen eine Frage und wenn Sie die Antwort nicht wissen, dann zahlen Sie mir 10 Euro. Dann stellen Sie mir eine Frage und wenn ich die Antwort nicht kenne, bekommen Sie 10 Euro. Ganz einfach.« Erneut lehnt der Chemiker höflich ab und versucht zu schlafen.

Der Physiker, mittlerweile etwas entnervt, unterbreitet folgendes Angebot: »Ok, wenn ich nicht antworten kann, bekommen Sie 100 Euro!« Das lässt den Chemiker aufhorchen und er willigt ein. Der Physiker stellt die Frage: »Wie gross ist die Entfernung zwischen Erde und Mond?« Der Chemiker sagt kein Wort und reicht dem Physiker eine 10er Note.

Nun ist der Chemiker an der Reihe. Er fragt: »Was geht auf drei Beinen einen Hügel hinauf und kommt auf vieren wieder herunter?« Der Physiker schaut ihn etwas verwirrt an, nimmt seinen Laptop-Computer, recherchiert seinen gesamten Datenbestand und gibt ihm eine Stunde später 100 Euro. Der Chemiker nimmt das Geld höflich an, dreht sich zur Seite und versucht zu schlafen.

Der Physiker, ein wenig verdutzt, fragt: »Was ist die Antwort auf die Frage?« Wortlos greift der Chemiker zu seiner Brieftasche, reicht dem Physiker 10 Euro, dreht sich weg und schläft weiter.

LESEN. BEWERTEN. VERBESSERN!

Vielen Dank von Herzen, dass Sie sich die Zeit genommen haben, dieses Buch bis zur letzten Seite zu begleiten. Ihre Entscheidung, meine Arbeit zu lesen, ist das schönste Kompliment, das ich als Autor erhalten kann. Ihre Unterstützung ist der wahre Antrieb hinter meiner Arbeit!

Ich hoffe aufrichtig, dass diese Reise durch die Seiten Ihnen genau das gebracht hat, was Sie gesucht haben – sei es tiefe Freude, spannendes neues Wissen oder wertvolle Inspiration für Ihren Alltag.

»Warum Ihre Bewertung den Unterschied macht«

Wenn Ihnen dieser Inhalt gefallen und Sie gut unterhalten oder informiert hat, möchte ich Sie heute um einen kleinen Gefallen bitten, der für mich persönlich von unschätzbarem Wert ist: Nehmen Sie sich bitte zwei Minuten Zeit für eine ehrliche Bewertung auf Amazon.

Für unabhängige Autorinnen und Autoren wie mich ist eine Rezension weit mehr als nur eine Zahl. Sie ist Gold wert, denn sie fungiert als wichtigster Wegweiser für neue Leser.

Ihre positive Rückmeldung signalisiert der Welt, dass dieses Buch lesenswert ist und hilft dem Amazon-Algorithmus, meine Werke Menschen vorzuschlagen, die genau wie Sie auf der Suche nach fesselndem Lesestoff sind. Sie tragen direkt dazu bei, dass meine Geschichten und Themen gehört werden.

Mit Ihrer Bewertung helfen Sie nicht nur mir, sondern ermöglichen auch anderen, dieses Buch zu entdecken und zu genießen. Sie ist die Brücke zwischen meinem Buch und seinem nächsten Leser.

Und so geht's:

1. Loggen Sie sich in Ihr Amazon Account ein
2. Navigieren Sie zu »Ihre Bestellungen«
3. Suchen Sie die Bestellung zu diesem Buch
4. Klicken Sie auf »Schreiben Sie eine Produktrezension«

Oder schnell und einfach zur Rezension:

Es dauert nur einen Moment: Scannen Sie bitte den QR-Code, um direkt bei Amazon eine kurze Rezension für dieses Buch zu hinterlassen.

Vielen Dank!

Lindsay Moon

BUCHSERIE »UNNÜTZES WISSEN«

Hand aufs Herz: Wie oft haben Sie beim Lesen dieses Buches innegehalten und gedacht: »Das gibt es doch gar nicht!«? Genau dieses Gefühl des Staunens ist es, was uns antreibt. Sie haben gerade einen tiefen Einblick in die Kuriositäten und Wunder unserer Welt erhalten – doch wir versprechen Ihnen: Das war erst die Spitze des Eisbergs.

Meine gesamte Buchreihe »Unnützes Wissen« ist eine einzige Hommage an die Neugier. Ich jage unermüdlich nach den spannendsten Fakten, den unglaublichsten Rekorden und den schrägsten Geschichten aus allen erdenkbaren Wissensbereichen. In jedem weiteren Buch dieser Serie wartet eine völlig neue Mischung an Aha-Momenten auf Sie, die Ihren Geist wachhalten und Sie immer wieder aufs Neue überraschen werden.

Bleiben Sie ein Entdecker! Mit jedem Buch dieser Reihe sammeln Sie nicht nur faszinierendes Wissen, sondern auch den perfekten Stoff für gute Gespräche und Momente des gemeinsamen Lachens. Das Universum der verblüffenden Fakten ist grenzenlos – und ich habe es mir zur Aufgabe gemacht, Ihnen die besten Stücke daraus zu präsentieren. Welches Wissensgebiet darf Sie als Nächstes verzaubern? Ihre Entdeckungsreise ist noch lange nicht zu Ende – hier finden Sie weiteren Nachschub für Ihre Neugier:

Neugierig geworden?

Scannen Sie bitte den QR-Code, um die anderen spannenden Titel der Buchreihe »Unnützes Wissen« auf Amazon zu entdecken.

BUCHREIHE »BEWUSST LEBEN«

Es ist ein wunderbares Privileg, neugierig zu sein. Sie haben gerade eine Reise durch verblüffende Fakten und kuriose Erkenntnisse hinter sich gebracht und dabei gespürt, wie viel Freude es macht, den eigenen Horizont zu erweitern. Doch es gibt ein Wissensgebiet, das mindestens genauso spannend ist wie die Wunder der Welt: Ihr eigenes Leben und persönliches Wohlbefinden.

Wenn Sie die Neugier, die Sie als Leser meiner Wissensbücher auszeichnet, auf Ihren eigenen Alltag übertragen möchten, ist meine Buchreihe »Bewusst Leben« die ideale nächste Station für Sie. Während meine Faktenbücher den Geist unterhalten, bieten Ihnen diese Ratgeber die Werkzeuge, um Ihr Leben aktiv, gesund und erfüllt zu gestalten.

Ich glaube, dass Wissen erst dann seine volle Kraft entfaltet, wenn es uns hilft, glücklicher und bewusster zu leben. Ob mentale Klarheit, körperliche Balance oder eine neue Sichtweise auf alltägliche Herausforderungen – diese Serie liefert Ihnen die notwendigen Anleitungen für eine höhere Lebensqualität. Tauschen Sie für einen Moment das Staunen über die Ferne gegen konkrete Impulse für Ihr Hier und Jetzt. Sie haben es in der Hand, Ihr Leben genauso faszinierend zu gestalten wie die Fakten in meinen Büchern. Erfahren Sie, wie Sie Ihr Leben mit bewussten Entscheidungen bereichern können:

Neugierig geworden?

Scannen Sie bitte den QR-Code, um die anderen spannenden Titel der Buchreihe »Bewusst Leben« auf Amazon zu entdecken.

LINDSAY MOON: DIE FAKTENJÄGERIN

Die Autorin ist eine unverbesserliche Neugierige. Sie liebt es, die Welt zu verstehen – von der Funktionsweise des menschlichen Gehirns über die großen Ereignisse der Vergangenheit bis hin zu den kleinen, erstaunlichen Gesetzen der Natur. Ihre Bücher sind für alle, die das Gefühl lieben, plötzlich etwas Neues und Faszinierendes gelernt zu haben. Genau diese Begeisterung für das Detail ist ihr Antrieb.

Ihre Stärke liegt darin, dass sie riesige Mengen an Informationen sichtet und das Wirklich-Wichtige herausfiltert. Denn seien wir ehrlich: Das Wissen dieser Welt passt längst nicht mehr in ein einzelnes Regal. Um all die Fakten aus Mathematik, Chemie oder Astronomie zu durchforsten, hat Lindsay einen klugen Helfer. Die Künstliche Intelligenz spielt bei ihrer Recherche eine wichtige Rolle: Sie ist ihr präziser, blitzschneller Recherche-Assistent, der die gigantischen Datenmengen vorordnet. Diese Technologie erlaubt es ihr, die Arbeit von Tausenden von Stunden auf ein menschliches Maß zu reduzieren.

Aber die Entscheidung, was wichtig ist, die Interpretation und das Verfassen der Texte – das bleibt reine Handarbeit von Lindsay Moon. Sie sieht ihre Arbeit als das Entwirren eines riesigen Wissensknäuels, um die schönsten Fäden für uns alle sichtbar zu machen. Ihre Texte sind eine Einladung, die Welt mit offenen Augen zu sehen und sich bei jedem umgeblätterten Kapitel zu wundern, was die Geschichte und die Wissenschaft noch für uns bereithalten.

Für Lindsay gibt es keine uninteressanten Fakten, nur solche, deren Geschichte noch nicht gut erzählt wurde. Sie lädt Sie ein, gemeinsam mit ihr die schrägsten und klügsten Ecken des Wissens zu erkunden. Denn am Ende macht uns das Detailwissen einfach gesprächiger, bunter und ein Stück weit klüger.

IMPRESSUM

Lindsay Moon wird vertreten durch:

Copyright © 2026 Rüdiger Hössel

Erhardstraße 42, 97688 Bad Kissingen, Germany

KDP-ISBN Paperpack: 979-8333460387

Imprint: Independently published

Herstellung: Amazon Distribution GmbH

1. Auflage 2026

***

Die Illustrationen in diesem Buch wurden ganz oder teilweise mit Hilfe von künstlicher Intelligenz erzeugt. Der Einsatz dieser Technologien unterstützt die visuelle Gestaltung und hilft dabei, komplexe Inhalte anschaulicher darzustellen. Ich weise hier offen darauf hin, damit nachvollziehbar bleibt, wie die Bilder entstanden sind. Alle urheberrechtlich relevanten Punkte sowie die Nutzungsrechte wurden vor der Veröffentlichung geprüft und beachtet.

***

Alle Rechte vorbehalten. Kein Teil des Werkes darf in irgendeiner Form (durch Fotokopie, Mikrofilm oder ein anderes Verfahren) ohne schriftliche Genehmigung des Autors reproduziert oder unter Verwendung elektronischer Systeme verarbeitet, vervielfältigt oder verbreitet werden.

www.ingramcontent.com/pod-product-compliance
Lightning Source LLC
Chambersburg PA
CBHW071926210526
45479CB00002B/579